Ouvrages parus
aux Éditions **Decoopman**
Collection « ***Sciences & Techniques*** »

- *La Marine française* - F. Roux
- *Des bateaux aux couleurs de la Gironde* - F. Jouison
- *Abécédaire des forces sous-marines* - P. Nôtre & J. L. Vichot
- *La Marine de guerre* – L. Huard
- *La Marine de guerre – A. Sauvaire-Jourdan*
- *La navigation sous-marine* – G.L. Pesce
- *Les bateaux automobiles à pétrole* - R. Champly
- *Les paquebots à grande vitesse – M. Dumoulin*
- *Les Torpilles* – E. Hennebert
- *Sous-marins & submersibles - Max Laubeuf*
- *L'Artillerie moderne (Le monde industriel)* – L. Huard

Tous nos ouvrages sont disponibles aux **Éditions Decoopman**
Ferrières - 30440 Saint-Laurent-le-Minier
Tel : +33 (0) 4.67.73.90.95
web : www.decoopman.com
e.mail : livres@decoopman.com

Dépot légal : 4e trimestre 2022

I.S.B.N. : 978-2-36965-150-5

François ROUX

REPRÉSENTANT LES PORTRAITS DES NAVIRES

La Marine française

De 1792 à nos jours

PRÉCÉDÉ D'UNE NOTICE HISTORIQUE ET DESCRIPTIVE

PAR

L'AMIRAL PÂRIS

MEMBRE DE L'INSTITUT

CONSERVATEUR DU MUSÉE DE LA MARINE

PHOTOGRAPHIES PAR

A. LIÉBERT

COMMANDEUR, OFFICIER ET CHEVALIER DE PLUSIEURS ORDRES

1885

Note de l'éditeur A. Liebert
- 1885 -

L'Album que nous mettons aujourd'hui sous les yeux du public, contient la collection inédite et complète des bâtiments de la *Marine Française*, depuis le commencement de ce siècle jusqu'à nos jours, avec les transformations successives qui ont été appliquées à notre marine depuis l'introduction de la vapeur à la navigation et des armes à longue portée.

Cette collection unique est due au pinceau d'un artiste de talent, François ROUX, qui a enrichi notre Musée d'une œuvre saisissante de vérité, et par cela même d'un immense intérêt. Monsieur le vice-amiral PARIS, membre de l'Institut, conservateur du Musée de la Marine, a bien voulu ajouter encore à l'intérêt de l'ouvrage, en écrivant spécialement pour lui une notice historique et descriptive sur chacun des bâtiments formant cette belle collection, que chacun pourra apprécier désormais d'après nos reproductions photographiques.

AVANT-PROPOS

On veut généralement que la peinture représente les objets tels qu'on les voit, en lui laissant le choix de ce qui est le plus gracieux ou le plus frappant, par les positions ou par les effets de lumière. Si une pose produit un raccourci, le talent se montre à déguiser cet effet par le coloris et à faire croire à la dimension réelle. Pour la sculpture, la règle des proportions est encore plus impérieuse, il en est de même pour les modèles en petit des édifices et de toutes sortes d'objet, les modèles de navire par exemple.

Pourquoi est-il un genre de peinture pour lequel ces exigences naturelles ne paraissent pas exister ? Pourquoi les objets qu'il représente sont-ils si souvent maintenant absurdes ou impossibles, et pourquoi cependant en voit-on qui ont été vantés ? Ne serait-ce point parce que le public juge, ne connaît ni les vaisseaux, ni la mer qui les porte ?

Mais alors pourquoi ne pas établir de comparaison et former un jugement d'après des chefs-d'œuvre avérés. On a les tableaux de Joseph Vernet dans les ansées, et, à part le talent du coloris, on y trouve des esquisses exactes des navires, qui ne sont pas tout à fait de notre temps, il est vrai, mais montrent des proportions générales et des coloris qui ont peu changé. Et la mer, n'est-ce pas à ses tableaux qu'il faut se rapporter ; qu'on regarde l'entrée de Cette avec sa felouque emportée par le vent ; que dans le musée de marine, on s'arrête sur la vue de Saint-Malo, de Hue mais pas devant les mers de M. Gudin. Quant aux navires, est-ce qu'ils ne sont pas assez élégants et assez variés par eux-mêmes, pour les représenter avec vérité, ce qui est très facile maintenant, puisqu'on en vend des photographies. Dans nos temps modernes il a existé deux collections de gravures remarquables par leur exactitude et qui ont été exécutées par Beaujean au commencement du siècle. Elles sont épuisées et disparues. Depuis, MM. Mayer et Morel Fatio, ont fait des lithographies exactes, j'en ai aussi vu de M. Kœrner, mais on n'en trouve plus. Il ne reste donc guère actuellement que des lithographies coloriées représentant les navires et la mer, comme le sont les soldats sur les feuilles destinées à être découpées ; aussi elles ne sont bonnes qu'à satisfaire les matelots qui vont en congé.

Il en résulte que notre époque ne laisserait pas de traces exactes. Mais, dira-t-on, pourquoi ne pas employer la photographie dont la vérité est incontestable ? C'est que les deux tiers des navires représentés n'existent plus, ou ils étaient modifiés lorsque l'application de la lumière est arrivée à de bons résultats ; c'est aussi parce que le navire existant est rarement en position d'être bien exécuté à cause des distances de la terre ou des édifices dont il est entouré et il ne peut être photographié sous voiles, tant par cette première raison, que parce qu'alors il se meut. Il est donc heureux qu'il se soit trouvé un artiste spécial et son père, qui aient pris à tâche et aient réussi à faire les navires tels qu'ils sont, à tracer les gréements suivant les époques, à donner aux voiles leur forme et à modeler assez bien par le coloris, le plus grand vaisseau comme le canot, pour qu'un faiseur de modèles ait pu dire, qu'il lui suffirait d'ajouter quelques mesures à leur aspect, pour pouvoir les exécuter en relief. Toutes ces raisons feront apprécier la collection que feu M. François Roux a exécutée pour le musée de marine, avec un ensemble parfait, puisque tous les navires sont à bien dire à la même échelle et permettent ainsi des comparaisons directes. Aussi a-t-il été toujours désirable de voir cette collection précieuse complètement reproduite par quelque photographe habile, et nul ne convenait mieux pour exécuter ce travail qu'un ancien officier de marine, qui s'est voué au nouvel art de la reproduction et qui, par suite était des plus aptes à apprécier la valeur véridique, ainsi que l'élégance des dessins de M. Roux. C'est pour seconder M. Liébert dans cette tâche que ce résumé a été rédigé, en groupant ce que portent les légendes inscrites sous chaque tableau, ainsi que des considérations générales et l'explication de l'action qu'exécutent les navires ; ce qui, avec des tableaux numériques, suffit pour faire apprécier complètement ce qu'a été la marine française depuis bientôt cent ans. La photographie aura donc rendu un vrai service en propageant avec son exactitude rigoureuse, ce qui était exact, mais en un seul exemplaire.

La grande variété des navires a occasionné naturellement des lacunes dans la collection de M. Roux, elles ont été comblées par la reproduction de quelques-uns des tableaux à l'huile de M. Adam, du Havre ; lesquels décorent la galerie qui contient les modèles des navires de commerce et des bateaux de pêche. La qualité principale de ces tableaux est la vérité de couleur et de mouvement apparent de la mer de l'Océan, elle y est aussi bien représentée que celle des environs de Marseille par M. Roux.

Le vaisseau à voiles, est de date assez récente, et il a été longtemps trop imparfait pour se passer de rames. On avait bien tenté de construire de grands navires, tels que le *Caraquon* de François Ier et quelques autres, qui ne naviguèrent jamais. L'emploi forcé des rames exigeait des navires très bas et légers. Les Hollandais firent les premiers bons navires de mer, et en France, ce n'est que du temps de Richelieu, que l'on vit un vrai vaisseau de guerre armé d'une forte artillerie, se passant des rames et résistant à trente-six galères, malgré le calme. Ce vaisseau rétabli dans un autre ouvrage (*les Souvenirs de marine conservés*), d'après le livre d'un jésuite, étonna par ses qualités en 1638 et servit probablement de point de départ pour abandonner, bien lentement il est vrai, les dispositions spéciales des navires à rames, c'est-à-dire leur avant bas, leur arrière démesurément élevé, et l'énorme espace vide nécessaire pour les rameurs, et dont l'inutilité sur le vaisseau à voiles n'a disparu qu'il y a 70 ans.

La voilure fut rectangulaire pendant l'antiquité, ainsi que le Moyen Âge, et il n'y eut qu'une seule voile sur chaque mât ; celle dite latine ou triangulaire ne date que du VIe siècle de notre ère, elle n'est pas sortie de la Méditerranée ; est-elle une imitation de celle que l'on voit encore en Arabie et sur la côte de Malabar ? La division des voiles sur un seul mât n'est pas ancienne, elle appartient à notre Océan ; la réduction de surface en attachant la toile plissée avec de petites cordes est aussi récente ; on avait des toiles additionnelles lacées et délacées à la partie inférieure, presque jusqu'à la fin du dernier siècle. Les voiles hautes n'ont été serrées sur les vergues que depuis peu ; les gravures les montrent roulées au-dessus de leur hune. Les Chinois descendent leurs voiles en étages, comme une jalousie, les Malais les roulent, les Arabes en changent suivant la force du vent ; les Européens seuls sont arrivés à les serrer et à les diminuer sur les vergues, les pieds appuyés sur une corde horizontale. Leur travail est aidé par des cordes tirées d'en bas, ce sont les cargues dont la disposition en avant et en arrière de la voile est remarquable. La voile ainsi plissée, permet aux hommes de la maîtriser partiellement, tandis qu'ils seraient incapables de le faire si toute la toile battait au vent. Ces méthodes sont européennes, et on leur doit d'avoir pu manœuvrer de très grands vaisseaux par tous les temps. Enfin le gouvernail à gonds est très moderne et exclusivement européen, bien qu'on en voie maintenant sur les grands navires arabes, mais non sur les petits. Les Chinois placent leur gouvernail dans une fente de l'arrière et le maintiennent par des cordes tirées de l'avant ; les Malais ont un ou deux gros avirons tenus sur le côté de l'arrière, comme au Moyen Âge. Enfin la dimension des navires a été restreinte jusqu'au XVIe siècle, malgré quelques essais antérieurs, et le vaisseau n'est arrivé que depuis 250 ans à offrir la solidité et les qualités nautiques nécessaires. Tout cela n'est déjà plus de notre temps actuel.

Le navire de mer a donc passé par bien des périodes d'imperfection, avant d'arriver à ce que nous l'avons vu, avant de se fier à l'élément le plus inconstant sans le secours des rames, avant de porter l'artillerie d'une forteresse, avant de déployer une voilure aussi vaste qu'une cathédrale vue par le travers, avant de savoir manœuvrer et maîtriser ces voiles avec des cordes aussi habilement disposées que les tendons des animaux, et cette perfection de l'appareil aérien est ce que les photographies montrent le mieux, et l'on peut dire que c'est en grande partie à elles que l'on doit d'avoir si rapidement connu notre monde.

C'est à l'époque où les traces du passé, dont il est question, existaient encore que commencent les portraits de M. Roux, puisqu'ils remontent à 1796 au moyen de dessins de son père. Cette collection montre donc ce qu'il y a eu de plus important sur mer jusqu'au moment où la machine à vapeur a fait construire des navires nouveaux, puis a modifié les anciens, et cette série de changements est représentée sans interruption jusqu'à nos jours ; sans toutefois comprendre la torpille et son rapide porteur, que leur petitesse soustrait pour ainsi dire à la peinture.

Le vaisseau de l'époque qui nous occupe était arrivé à une perfection admirable, son intérieur mieux emménagé se trouvait aussi salubre que les bonnes habitations de terre, au lieu de détruire une partie des équipages par le scorbut, comme cela existait depuis de longues années. Il contenait cependant une agglomération d'hommes inconnue à terre, et des vivres pour parcourir les mers pendant neuf mois, pouvant faire, près d'une fois et demie le tour du monde sans s'arrêter, sauf pour faire de l'eau sur quelque île. Sa cale possédait tout dans un ordre parfait, un pont supérieur, de date assez récente, contenait les nombreux vêtements de l'équipage de manière à leur donner un peu d'air et à permettre à mille hommes de changer d'effets deux fois par jour en moins d'une heure. Son artillerie bien disposée, se trouvait arrivée à une grande puissance par l'adoption des obus Paixhans, mais aussi elle l'avait rendu lui-même tellement vulnérable, qu'elle fit bientôt penser à le couvrir de fer. La voilure était devenue d'une facilité de manœuvre nécessaire pour suivre toutes les irrégularités les plus brusques du vent. Elle déployait 4 400 mètres carrés, sans compter les petites voiles ajoutées sur les côtés, et sa plus grande voile avait 540 m. sans que l'homme eût grandi, ni que son nombre ait suppléé à son peu de force individuelle ; car, si une voile a des dimensions doubles, sa toile est plus forte et sa surface est quadruple ; tandis que la vergue ne porte qu'un nombre d'hommes double pour maîtriser cette étendue de toile. Cependant les dématages dans les ouragans, ou les voiles déchirées, étaient devenus des raretés relativement au passé. La sécurité de la route sur l'inconnu des mers était parvenue à être suffisante au moyen de bons instruments et de chronomètres, qui faisaient savoir où l'on était, tandis que de bonnes cartes donnaient la connaissance des lieux vers lesquels on se dirigeait. La marine à vapeur a trouvé cela tout prêt, au lieu d'avoir à le produire, et elle a facilement déprécié ce qui la précédait par des modifications progressives. Ainsi la génération des vieux marins actuels, a vu quatre marines distinctes produites par les budgets : l'ancienne, à voiles, perfectionnée, la transition des navires à roues à aubes, l'hélice appliquée à d'anciens navires et en faisant créer de nouveaux, et les cuirassés, qui ne pouvaient être invulnérables, sans le moteur mécanique à la place de l'appareil aérien exposé à tous les coups. Enfin une invention moderne a produit la torpille, et en peu d'années l'industrie l'a rendue terrible en la faisant se mouvoir elle-même.

Ce sont ces quatre grandes périodes que montre la collection de M. Roux, qui leur ajoute de nombreux portraits de navires marchands de divers pays, que l'on ne trouve que sur les petites gravures de Beaujean. Enfin un autre artiste, M. Adam, a permis, comme on l'a dit plus haut, de représenter des effets de mer, avec une vérité de mouvement et de coloris qu'on ne voit presque jamais maintenant.

Aussi cette collection artistique peut-elle être considérée comme le complément des intéressants ouvrages de l'amiral Jurien Lagravière. Il a décrit les combats, les a fait comprendre, a su peindre les péripéties de la navigation ; il a raconté l'histoire du passé maritime et attaché à son récit par son style. Mais avec quoi les faits auxquels il intéresse se sont-ils effectués, avec quoi ont eu lieu les combats relatés avec vérité dans les trois volumes du commandant Troude ? Sur quoi se sont passés les romans maritimes de l'Américain Cooper, de Corbière, de Lalandelle, un peu trop oubliés maintenant ou même ceux d'Eugène Sue ? Nul n'a mieux représenté de nos jours l'agent principal et indispensable, le navire, que ne l'a fait M. Roux sur ses aquarelles, et après avoir parcouru les pages des ouvrages précités, quelques personnes sérieuses ne seront pas fâchées d'apprécier d'un coup d'œil les auteurs des faits qu'elles viennent de lire. L'histoire, tout en intéressant par ses récits, peut bien donner l'envie de savoir comment étaient accoutrés les guerriers, et la preuve en est dans les efforts des antiquaires, qui étudient les anciens monuments. Les voyages intéressent également, et, en prenant connaissance de ceux de M. Durville, on peut être presqu'aussi désireux de connaître son *Astrolabe*, que son buste, qui est au musée. Il ne serait pas étonnant, qu'un enfant lisant des voyages, demande à aller voir un navire, autant qu'à faire un tour au Jardin des Plantes pour voir le chameau, qu'on lui a dit être le navire du désert. C'est ce qui fait que la collection de M. Roux, est le complément des ouvrages précités, et une autre suite de nombreuses planches s'ajoute, dans le même but, sous le titre de *Souvenirs de marine*. Elle reproduit par des tracés géométriques, des physionomies photographiées et des chiffres, les navires du passé, depuis Louis XIII, avec assez d'exactitude et de détails, pour permettre d'en construire de pareils ; mais c'est trop sérieux. On est pourtant bien loin d'en être là pour les navires de Saint-Louis et de Colomb, sur lesquels on ne fait guère que des hypothèses.

Après cet exposé, il convient de faire apprécier les particularités de chaque planche.

Navires de guerre à voiles

Pl. 1. – Le *Wagram*

Vaisseau à trois ponts, de 1800, est représenté au mouillage les voiles au sec, il montre les voiles hissées jadis entre les mâts, pour utiliser tous les filets d'air dans les chasses entre navires ennemis. Il a encore un avant assez bas ; mais au lieu de reposer dans la première batterie, son beaupré est situé dans la seconde, et permet d'avoir au-dessus, des canons de chasse. Entre l'avant et la dunette, encore élevée, est la grande caisse de toiles garnie de filets, où les hamacs étaient empilés en désordre avant d'être distribués sur tout le pourtour du vaisseau. Cette partie n'a pas encore de canons, parce que, derrière elle, est la grande cavité, reste de la chambre de nage des galères, à laquelle on donnait le nom de grande rue, et qui contenait la chaloupe et un ou deux canots ; ceux portés par des arcs-boutants latéraux au mât d'artimon, commençaient seulement alors à être suspendus de la sorte. Le peu de largeur des couloirs entre l'avant et l'arrière, nommés passe-avant, exigeait encore de manœuvrer les amures et les écoutes des basses voiles dans la batterie haute, qui ouverte de la sorte était peu habitable. De plus pour donner de l'air ou laisser échapper la fumée de la seconde batterie, celle-ci avait en dessus des treillages, de sorte que la batterie basse était seule entièrement couverte et présentait un séjour obscur et humide, parce que les sabords étaient fermés dès qu'il y avait un peu de mer. Le faux-pont existait depuis peu d'une manière continue, mais il était loin d'être bien disposé. On y mettait le four, tandis que les cuisines étaient dans la batterie haute en avant, au lieu d'être dans la cale, comme il y a 200 ans. Rien n'était plus majestueux sous voiles que ces beaux vaisseaux, et ils étaient arrivés à ne plus craindre les tempêtes. L'escadre de l'amiral Hugon reçut un coup de vent exceptionnel, et des roulis exagérés firent craquer d'énormes baux de la batterie basse ; mais pas un vaisseau n'eut de mâts cassés, comme on le voyait antérieurement. Cependant il n'y avait pas encore de gréements en fer, mais tout était mieux disposé, et ces cordes, quoique nombreuses, ont à supporter les efforts du vent au bout d'un long levier, et surtout à résister au poids d'environ 300,000 kilog. que pèse l'appareil aérien, qui est jeté de droite à gauche et de gauche à droite, en six ou sept secondes par le roulis. La mâture fait éprouver deux sensations ; de beau temps, on comprend peu que cela puisse jamais casser, de gros temps, on se demande comment cela tient-il ? Avec une mer moyenne, le gros vaisseau fatigue moins que le petit, c'est de beaucoup l'inverse avec un temps forcé. Les aînés de ces vaisseaux étaient aussi très parfaits quant aux formes ; mais ils leur étaient inférieurs pour les dispositions intérieures, et surtout pour les gréements. Leur élégante et prodigieuse ornementation en faisait des objets d'art par les nombreuses sculptures et les dorures dont leur poulaine et surtout leur poupe élevée étaient ornées. Jamais les artistes ne pourront trouver de plus beaux sujets ; mais après avoir conservé une partie de ce luxe du temps de l'Empire, comme on le voit sur le *Wagram* et autres navires de la même époque, la simplicité est devenue générale, jusqu'à ce que la laideur ait été le lot des navires cuirassés. Aussi on a pu dire que ces vaisseaux étaient comme le chant du cygne des intelligents officiers qui les manœuvraient, et des vaillants gabiers qui faisaient obéir les plus vastes voiles à leurs ordres, malgré les fureurs des vents.

C'est ici que l'on peut dire que la construction navale avait passé de Hollande en France à l'époque de Louis XIV, qu'éclairée par des savants comme Euler et Bernouilli, elle avait produit les types les plus remarquables dans les œuvres des Ollivier, des Coulomb et des Ozanne, que tout ce passé fut résumé de la manière la plus parfaite par M. Sané, dont les plans furent préférés, par le célèbre savant capitaine de vaisseau Borda, qui, dans son rapport sur le choix des différents projets, termine en disant : qu'ils avaient tous des qualités, et qu'il croyait les avoir résumés dans un projet qu'il avait tracé lui-même, mais qu'il ne le présentait point, parce que pour l'exécution il était préférable qu'elle fût confiée à l'auteur lui-même et par suite à un ingénieur, et c'était Sané qu'il désignait. Ce fut Borda qui établit la règle encore en usage et qui porte son nom, destinée à connaître si un navire a la stabilité convenable pour porter la voile ; règle qui consiste à transporter un nombre d'hommes ou des poids déterminés, d'un côté à l'autre du navire, et à observer par un fil à plomb, les inclinaisons qui ne doivent pas dépasser un certain point réglé d'après la largeur du navire. Presque tous les anciens navires dont on voit ici les portraits, ont été construits par M. Sané, depuis le trois-ponts jusqu'à la corvette, et on peut dire que c'étaient les navires les plus marins et les meilleurs *évolueurs*, qualité indispensable en escadre pour ne pas se jeter les uns sur les autres.

Il serait trop long d'en énumérer les noms, qu'il suffise de dire qu'en 1815, Napoléon avait à flot et armés, 7 vaisseaux à trois ponts, dont le *Wagram*, 30 de 80, 26 de 74 et 36 frégates portant 7,112 canons, montés par 61,250 hommes et lançant 37,250 kilog. de fer en une bordée. À cela s'ajoutaient des navires de moindres dimensions, qui portaient le total à 336 navires. Les chantiers portaient, en outre, 10 vaisseaux à trois ponts, 12 de 80, 12 de 74, total : 32 vaisseaux de ligne destinés à porter avec d'autres navires en chantier 2,480 canons. Ces chiffres ne peuvent qu'augmenter l'intérêt des portraits de nos anciens navires, en montrant quelle avait été leur importance.

Pl. 2. – Le *Montebello*, de 120 canons.

C'est le même vaisseau modifié, comme tous ceux de son époque dus aux plans du célèbre ingénieur Sané, et en le comparant au précédent, on voit que la caisse en toile des hamacs, est remplacée par une muraille continue en bois, et qu'il s'y trouve des canons à recul limité, nommés caronades.

L'avant est presqu'aussi haut que l'arrière, la ligne droite existe partout ; le beaupré sort au niveau du pont supérieur. L'arrière est encore orné de sculptures, mais dans un goût simple au lieu de l'élégante profusion antérieure. L'avant ne porte qu'un buste, au lieu de la statue gigantesque qui surmonte la guibre du *Wagram*. La mâture présente peu de différence, et celles des voiles qui sont

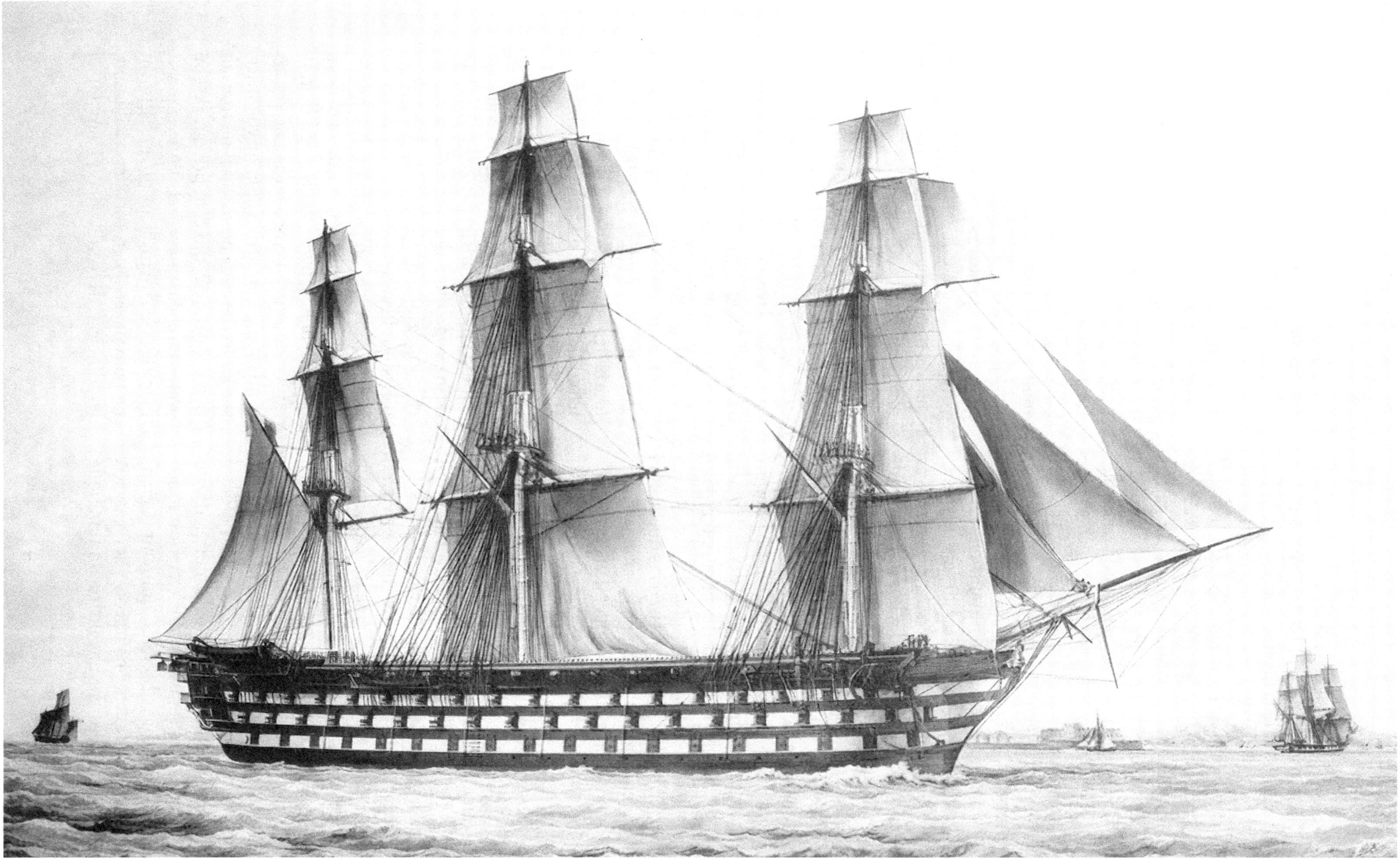

1 - Le **Wagram** - *Vaisseau à trois ponts, 1800*

déployées font apprécier leurs surfaces relatives mieux que les chiffres du tableau.

Ce vaisseau a servi à peu près de type aux dispositions intérieures, lorsqu'il fut commandé par M. de la Susse, qui installa tout à bord avec un ordre parfait et améliora ainsi les rôles d'équipages déjà dus à M. le comte d'Oisonville. Tant d'actions diverses et imprévues, sont exécutées à chaque instant sur un vaisseau et elles exigent l'ensemble de tant de bras, opérant des manières les plus diverses, que l'ordre doit être parfait, pour que chacun sache ce qu'il doit faire, sur les seuls mots d'un commandement : *Paré à virer*. Par un bon numérotage des hommes, on était arrivé à ce qu'au bout de peu de temps chacun savait où il couchait, où il plaçait son sac, où était ce qu'il mangeait, sur quelle corde il devait tirer si on faisait un commandement, sur quelle autre pour un ordre différent, celle qu'il devait larguer, sur quelle vergue il devait monter pour serrer des voiles ou prendre des ris et quelle place il y occupait, dans quel canot il embarquait au coup de sifflet ; enfin, pour ne jamais se tromper dans ces détails si multipliés de la vie de bord, et cela pendant les nuits obscures, presque sans se voir, aussi bien que pendant le jour.

D'autres officiers, tels que M.Turpin, améliorèrent l'ordre et la propreté. M. Lugeol, obtint un arrimage qui distribuait, devant et derrière, le poids des objets consommables, tels que les vivres, et maintenait, naturellement, la différence de tirant d'eau des extrémités nécessaire à la marche et aux qualités nautiques ; ce qui, auparavant, ne se faisait qu'en transportant du lest devant ou derrière. Le canonnage, pour lequel on s'était montré inférieur du temps de l'Empire, devint l'objet des soins des officiers et on fonda les canonniers brevetés, qui remplacèrent les canonniers bourgeois de l'ancien régime, reçurent une instruction pratique sur un vaisseau spécial, et furent aptes à former les nouveaux venus.

Les exercices continuels excitaient l'émulation des matelots, tous les mâts descendus, les voiles dans la cale, le navire semblait désarmé, une demi-heure après, tout cela était remis en place pour être prêt à prendre la mer dans une autre demi-heure.

Si ce n'était pas la réalité c'était au moins l'habitude d'agir ensemble, et quelques jours de mer suffisaient pour obtenir ce qui exigeait des mois, et un équipage exercé évitait autant les avaries qu'un bon gréement. Ce fut surtout lorsque les anciens élèves des vaisseaux écoles de l'Empire, le *Tourville* et le *Duquesne*, arrivèrent à commander les petits navires et à être seconds des grands, que ces perfectionnements se firent jour, et c'est un devoir de l'un de ceux sortis de l'école d'Angoulême de le proclamer.

Ce fut alors que l'on prit ces habitudes de propreté, devenues nécessaires maintenant, mais nouvelles alors. Ce fut alors que la propreté intérieure, le soin journalier du matelot, devinrent des habitudes autant que des règlements ; chaque jour, après le lavage le capitaine inspectait son navire haut et bas, et les matelots changés de tenue. L'équipage séjourna plutôt dans les batteries qu'en bas, changea de linge deux fois par semaine, et le vaisseau se pavoisa de chemises et de pantalons blancs.

C'est par des soins continuels que la salubrité a été obtenue, et que le matelot qui redoutait jadis le service de l'État, et n'y venait, quelquefois, qu'amené par les gendarmes, était arrivé à servir volontiers sur les navires de guerre, où il ne trouvait plus cette dureté, qui était presque de bon goût antérieurement, et sans laquelle, bien des vieux, croyaient qu'un bâtiment ne pouvait naviguer. Aussi en vieillissant, les officiers de cette époque ont eu la

2 - Le **Montebello** - *Vaisseau à trois ponts* - 1839.

satisfaction de voir que leur souvenir n'était pas effacé chez les matelots qu'ils rencontraient, et qui conservaient avec une sorte de fierté, la mémoire de ce qui s'était passé de bien sûr leur navire dans les dangers de la navigation.

Parmi ceux qui contribuèrent le plus à l'organisation des vaisseaux et à la manœuvre en escadre, il faut citer : les amiraux Duperré, de Rigny, Roussin et surtout, l'amiral Lalande, qui avait amené notre escadre à une perfection remarquable de manœuvres d'ensemble comme de détail. Tandis que dans un genre tout différent, l'amiral Durville terminait brillamment la liste des capitaines de découvertes, par deux campagnes remarquables dignement représentées par leurs belles publications.

Le *Montebello* est représenté au moment où son ancre vient d'être arrachée du fond de la mer par l'effort du cabestan ; rien ne le retient plus et comme il était dirigé dans la direction du vent, ainsi qu'une girouette, il lui faut tourner d'un côté ou de l'autre, jusqu'à ce que le vent entre dans ses voiles.

Cette manœuvre est, comme le virement de bord vent devant, basée sur l'inertie de la masse, qui résiste quelque temps à une impulsion, ou conserve un mouvement acquis, et qui, pour l'appareillage permet ainsi de tourner sur place au moyen de l'action oblique des voiles.

Pour cela on les oriente comme sur le dessin, c'est-à-dire que celles de l'avant, sont brassées tribord, et celles de l'arrière bâbord, de manière à être collées sur leur mât dans des directions opposées. De la sorte, celles de l'avant masquent d'abord celles de l'arrière, et font obéir l'avant du navire sur bâbord ; elles le font tourner avant qu'il ait reculé et, dès que cet effet est assez marqué, le grand foc est hissé de manière à agir au bout, de son long bras de levier ; tandis que la barre mise à bâbord, fait présenter au gouvernail une surface oblique en sens contraire, qui aide l'évolution par le mouvement en arrière que le navire commence à prendre.

Un peu avant que les voiles de l'arrière soient pleines, l'action tournante de celles de l'avant devient inutile, aussi les change-t-on vite, pour les disposer comme celles de l'arrière, à faire marcher le navire ; le foc est changé aussi, et la brigantine bordée pour empêcher le mouvement tournant d'être exagéré.

On observe que les basses voiles du *Montebello* sont carguées, c'est parce que trop de surface ferait trop reculer le vaisseau, et que ces voiles ne sont pas disposées de manière à être toujours aussi plates que celles du haut, puisqu'elles ne sont pas tenues à une vergue par le bas. De beau temps, l'appareillage ne présente pas de difficultés, mais de grand vent et s'il y a des dangers près de l'arrière, il devient difficile, souvent dangereux et il exige le sacrifice d'une ancre, à laquelle le vaisseau se tient par une amarre partant de l'arrière et attachée au câble, qui est coupé pour laisser l'avant tourner sans reculer, et l'amarre l'est ensuite dès que le vaisseau fait route. Il y a eu des appareillages solennels par les dangers qu'ils faisaient courir.

Pl. 3. – Le *Valmy*

Vaisseau à trois ponts de 120 canons, construit en 1845. — C'est le dernier navire de cette sorte qui ait été mis en chantier, et sa différence la plus marquée consiste en ce qu'au lieu de la forme rentrante des côtés du navire, celui-ci a des murailles droites et plates. Il en est résulté que le pont supérieur gagnait en largeur et se montrait plus commode pour la manœuvre. Cette modification aux usages du passé n'a pas été heureuse.

3 - Le **Valmy** - *Trois ponts à Murailles droites, 1845.*

Pl. 4. – La *Bretagne*

Vaisseau à trois ponts de 130 canons et 1200 chevaux de force nominale, 1855. — Comme cette collection montre surtout l'aspect des vaisseaux, il est convenable de ne pas placer à part ceux qui, bien que pourvus d'une machine à vapeur, ont conservé leur ancienne physionomie et leur mâture. C'est ce qui a engagé à placer ici le beau vaisseau à trois ponts la *Bretagne*. Il a été construit à Brest par M. Marielle, ingénieur de la marine, et commencé en janvier 1853, il a été lancé le 5 février 1855.

Aussi assorti à l'action d'une machine que son aîné le *Napoléon*, la *Bretagne* a eu plus de longueur, 81 m au lieu des 63 m des anciens trois ponts, et sa largeur un peu plus grande a été de 18,03 m. Le déplacement s'est élevé à 6873 tonneaux, et la force de la machine qui lui a imprimé une vitesse de 12,6 nœuds (23 kil. 34), a été de 3600 chevaux.[1]

Ses 130 canons lançaient 1460 kil. de boulets pleins en une bordée, à cause des obusiers qui entraient dans son armement. Un autre vaisseau semblable, la *Ville de Paris*, fut transformé de la même manière.

1 La grande différence de l'évaluation de la force de la machine n'est point une erreur ; elle provient de la dissemblance des manières de l'estimer, survenue à mesure que la pression dans la chaudière a augmenté. La première 1200, nommée force nominale, n'est à bien dire que le résultat du volume engendré par les pistons dans un temps donné et elle ne serait vraie comme force, que pour la faible pression d'un quart d'atmosphère usitée du temps de Watt, qui, le premier, établit cette comparaison de la force des machines à celle d'un animal connu. L'autre chiffre est la puissance effective, obtenue au moyen d'un instrument ingénieux de Watt, qui par les flexions de son ressort et ses tracés sur un papier en mouvement, donne la pression exercée à chaque instant dans les cylindres ; ce qui, avec les surfaces des pistons et leur espace parcouru, permet de calculer facilement le nombre de chevaux de 75 kilogrammètres, c'est-à-dire la force capable d'élever un poids d'un kilogramme d'un mètre pendant une seconde, multipliée par 75, d'après des expériences directes sur de forts chevaux de manège d'épuisement de mine, exprimée en Angleterre par 33,000 livres élevées d'un pied par minute.

C'étaient les types les plus majestueux de la force réunie à la vitesse et on pouvait penser qu'il n'y avait rien à souhaiter au-delà, lorsque l'artillerie moderne et les cuirassés, dont elle a nécessité l'adoption, sont venus réduire ces beaux résultats à l'inutilité militaire. La Bretagne a porté les pavillons de l'amiral Théhouart et de l'amiral de Tinan ; elle a fini sa carrière en servant de caserne et l'on peut dire d'ornement à la rade de Brest.

Pl. 5. – Le *Napoléon*

Construit par M. Dupuy de Lôme, d'après ses plans et devis ; commencé le 7 février 1848, mis à l'eau le 15 mai 1850 et armé en mai 1852. *Le Napoléon* avait 71 m. 46 de long, 16 m. 80 de large et déplaçait 5 286 tonneaux. Ce n'est que pour suivre un ordre basé sur la grandeur des navires que le *Napoléon* a été placé ici, car il a le droit d'aînesse sur la Bretagne, comme sur tout ce qui a été construit depuis. En apparaissant sur les mers avec ses 90 canons emportés par une vitesse de 12 (22 kil. 2) à 13 nœuds (24 kil.), *le Napoléon* a changé les conditions de la guerre maritime d'une manière plus complète que les premiers vaisseaux à hélice d'une marche lente. Il augmentait, en outre, son rayon d'action, par une voilure assez étendue, pour marcher sans machine comme les meilleurs voiliers.

À ces qualités importantes il ajoutait un aspect plus gracieux, mais aussi majestueux que les anciens vaisseaux. Il n'est donc pas étonnant que ses qualités aient assez étonné pour être mises en doute, et si la *Gloire* n'avait point paru quelque temps après, M. Dupuy aurait produit encore plus de vaisseaux de ce type qu'il ne l'a fait. À l'ouverture d'une guerre, le *Napoléon* eût été maître d'une petite mer jusqu'à ce qu'il eût à se mesurer avec ses semblables. C'est à M. Dupuy que

*4 - La **Bretagne** - Trois ponts à voile et à vapeur, 1855.*

la France a dû les deux genres de navires qui, l'un après l'autre, ont déprécié tout ce qui les avait précédé ; aussi est-il heureux qu'un pinceau aussi exact qu'habile ait conservé le souvenir de ce que nous avons admiré sur les rades et à la mer.

Le *Napoléon* fut le triomphe de l'hélice, de cet admirable propulseur ; qui n'avait encore fait ses preuves que sur de petits navires, ou en poussant des gros vaisseaux avec peu de vitesse. Il décida tout à fait son adoption à toute espèce de navires et fit oublier pour toujours les roues. Les qualités nouvelles de ce propulseur furent appréciées, elles montrèrent que préférable en tout point pour la marche, il présentait des qualités inattendues pour l'évolution et permettait d'effectuer ce qui n'était possible, ni avec les roues, ni avec les voiles ; pouvant toujours tirer un parti aussi avantageux de ces dernières que les roues le pouvaient peu.

Avec l'hélice on est parvenu à tourner sur son ancre en se plaçant au-dessus d'elle par le cabestan et faisant marcher doucement l'hélice avec la barre d'un bord ; on est parti dans la direction voulue, fût-elle à l'envers de celle qu'on avait primitivement. On a obtenu le même résultat en opposant un obstacle par les voiles et même de calme pour tourner dans un petit espace, en allant tantôt en avant, tantôt en arrière et utilisant chaque fois deux propriétés spéciales de l'hélice ; c'est-à-dire de détourner de la direction en faisant reculer et de gouverner avant de se déplacer, en faisant agir l'hélice en avant.

Pour prendre à la remorque un navire au mouillage, il fallait laisser tomber une ancre, quand la brise était fraîche, pour échanger les remorques, puis faire déraper l'autre navire et lever sa propre ancre pour faire route.

Au lieu de ces travaux et de ces lenteurs, il a suffi de venir debout au vent se placer devant le remorqué, avec les voiles du mât d'artimon masquées, pour que leur action rétrograde suffise pour donner à la machine une vitesse insuffisante pour faire marcher, c'est-à-dire produisant l'équilibre, et pour que cette action de l'hélice jette assez d'eau sur le gouvernail pour tenir le navire gouvernant.

On proposait à M. Scott Russel, constructeur du Great-Eastern, (220 m. de long,) de faire tourner ce géant sur place et même de le faire reculer en gouvernant. Une explosion de cheminée a empêché de l'essayer. Toutes ces manœuvres ont été réduites en corps de doctrine dans deux ouvrages spéciaux, dont l'un traduit à l'étranger, et elles sont devenues d'un usage général depuis 1860 environ.

Il n'est pas dans la nature de ce recueil de parler de la machine à vapeur renfermée dans la cale de chaque navire ; qu'il suffise de dire que cet appareil moteur fait tourner des ailes métalliques de forme oblique plus courtes et un peu plus larges que celles des moulins, lesquelles sont en bronze pour les navires en bois doublés en cuivre et en fonte de fer pour ceux construits en fer. L'action de ces ailes est inverse de celle des moulins, elles poussent parce qu'on les force à tourner, au lieu de tourner parce que le vent agit sur leur surface oblique et leur donne un mouvement de rotation. Elles poussent ainsi le navire et prennent appui sur une eau profonde et plus résistante que celle attaquée par les aubes.

Dans le principe, les deux propulseurs furent essayés en attachant deux navires semblables et de même puissance par l'arrière, l'hélice eut le dessus et fit reculer les roues. Plus tard le *Napoléon* prouva l'énergie de son moteur en faisant remonter les Dardanelles à un vaisseau à trois ponts contre un vent qui arrêtait tous les autres.

Le dessin montre le *Napoléon* faisant successivement usage de ses deux moyens

*5 - Le **Napoléon** - Vaisseau à vapeur rapide - 1848*

de propulsion ; le vaisseau de droite a déjà serré ses voiles et est devenu navire à vapeur surmontant le vent ; celui de gauche a encore ses voiles et si sa cheminée fume ce n'est que pour préparer le moteur puissant, qui agira lorsque les voiles seront serrées et que le navire viendra dans le vent pour suivre l'autre avec sa machine seule. Tout est si bien représenté qu'il suffit d'examiner les chiffres du tableau numérique pour apprécier le Napoléon.

Pl. 6. – Le *Robuste*

Vaisseau de 80 canons, construit en 1805. — Ce type de vaisseau, regardé comme le meilleur à la mer, a été très nombreux dans la marine, il était dû à M. Sané. Il demande peu de détails, en ce qu'il suffit de se représenter le vaisseau à trois ponts diminué de sa batterie basse, qui a 17 sabords armés et de réduire à 16 ou 15 la batterie devenue la plus basse du nouveau vaisseau ; tous les détails et même toutes les proportions restent à peu près les mêmes, et il suffit de se référer aux chiffres du tableau.

Le *Robuste* est représenté presque en calme, ses voiles tombent presqu'à plat et les navires qui l'accompagnent cherchent à courir des bordées pour s'élever un peu au vent. On était parfois des journées entières dans cette position impatientante et ne faisant guère que le chemin d'une étape dans sa journée. C'était encore pire lorsqu'une houle, venue de loin, faisait plus rouler qu'avec un vent fort et la mer correspondante.

Pl. 7. – Le *Conquérant*

De 1808, modifié en 1847, armé en 1827 avec 86 canons. — C'était dans le principe un vaisseau semblable au *Robuste* ; resté sur les chantiers lors de la paix générale, puis modifié lorsque la marine a commencé à sortir de ses ruines. On voit par le dessin que ce vaisseau a subi les mêmes changements que le *Montebello*. Son beaupré sort au niveau du pont supérieur, la poulaine est exhaussée, le grand bastingage supprimé et le passe-avant garni de caronades de 24 ou de 36, qui portent le nombre de ses canons à 86 sans beaucoup augmenter le chiffre de l'équipage, les caronades n'exigeant que trois hommes et un pourvoyeur quel que soit leur calibre. La batterie basse n'a que quinze sabords armés au lieu des 17 du trois-ponts.

Pl. 8. – Le *Fleurus*

Vaisseau de 100 canons transformé en vaisseau à hélice de 650 chevaux et armé de 82 canons. — Ce vaisseau fut ainsi que les autres types d'alors, le fruit des travaux d'une commission composée de MM. Sané, Lair, Rolland et Lamorinière, qui avait établi les plans de la flotte qui fut alors mise en chantier et apparut soudainement lors de la guerre de Crimée.

Il fut comme plusieurs autres commencé en avril 1825 et mis à l'eau en 1853, après que son bois s'était amélioré sur les cales couvertes de Toulon pendant 28 ans.

On lui installa une machine de 650 chevaux, en réduisant son artillerie primitive qui devait être de 100 canons au nombre de 82, et ses vivres ainsi que son eau à la moitié de ce qu'ils devaient être pour de longues croisières. Ces réductions donnèrent l'espace et le poids nécessaires au placement des machines à hélice et de leur charbon.

Ces vaisseaux eurent une vitesse de plus de 10 nœuds (18 kil. 5) et sans approcher du *Napoléon*, ils auraient rendu de bons services militaires. Leur transformation opérée d'après les propositions de M. Dupuy de Lôme avait été très

6 - *Le **Robuste*** - *Vaisseau de 80 canons - 1805.*

économique, puisqu'elle s'était bornée à découper l'arrière pour y placer l'hélice et qu'elle n'avait exigé d'allongement, ni par le milieu ni par les extrémités. Le *Fleurus*, le *Navarin*, le *Prince Jérôme* et un autre semblable, furent rapidement transformés de la sorte pour la guerre de Crimée et bientôt après désarmés pour être transformés de nouveau plus tard en débarquant leurs machines. Ils devinrent des bagnes flottants disposés pour les transportés de la Nouvelle-Calédonie ou des magasins, tels que le *Fleurus* qui est allé à la voile à Saïgon pour y périr.

Tel a été le sort de ces beaux vaisseaux accumulés depuis longtemps par une administration prévoyante, et qui seraient restés une force considérable sans l'apparition de la frégate cuirassée la *Gloire*, qui les a tous dépréciés à la fois. Cette prévoyance ne fut cependant pas inutile et ce fut le second Empire qui profita de ce que la Restauration et Louis-Philippe avaient fait construire, lorsque la guerre de Crimée exigea un réarmement général.

Pl. 9. – Le *Suffren*

Vaisseau de 90 canons, commencé en 1824, mis à l'eau en 1829. — Le *Suffren* fut un de nos premiers vaisseaux à murailles droites, il donna des résultats satisfaisants, mais eut des roulis plus durs que les anciens. La disposition générale ressemble trop à celle des précédents, ainsi que la mâture, pour qu'il y ait lieu de s'y arrêter ; qu'il suffise de remarquer que sur le tableau, le *Suffren* a une voilure réduite à cause de la force du vent, il a deux ris dans les huniers, c'est-à-dire que sur les quatre rangées de garcettes, la seconde est attachée au-dessus de la vergue, de sorte que la voile est réduite d'un peu moins d'un quart et que sa vergue agit sur le milieu du mât d'hune, de manière à moins fatiguer et à moins faire incliner le navire, par suite de la diminution du levier moyen de la voilure.

En outre, le *Suffren* exécute une manœuvre journalière, celle de dégréer les perroquets. Les vergues de ces voiles étaient carrément sur le chouque, on les a dégarnies de leurs cordes, cargues, boulines et écoutes qui appartiennent à la voile ; puis en filant de la drisse on a attaché celle-ci aux deux tiers, à partir du milieu et du côté de sous le vent. Alors en tirant sur la drisse et sur la balancine de son côté on a fait basculer la vergue, comme le dessin le montre dans trois positions. La vergue est venue ainsi se mettre contre les haubans d'hune, où des hommes l'ont dégarnie de ses bras et de ses balancines et on l'a descendue pour l'amarrer le long du premier hauban.

S'il s'agit de remettre la vergue en place, on agit inversement, la vergue est hissée jusqu'à ce que son milieu soit au-dessus du chouque ; un peu avant d'y être arrivée, elle a été garnie de ses bras et balancines et après l'avoir fixée au mât par son raccage, on a filé la drisse pour la mettre carrée avec ses balancines. On largue alors la genope de la drisse et une fois garnie de ses écoutes, de ses cargues et de ses boulines, la voile est prête à servir.

Les vergues d'hune se hissent à leur poste d'une manière semblable.

Pl. 10. – La *Ville de Marseille*

Vaisseau de 74 canons, construit en 1812. — Ce genre de vaisseau, dont le nombre a excédé celui des précédents, avait des qualités nautiques aussi remarquables ; gouvernant bien, virant de bord avec sécurité, ayant des mouvements de roulis très doux et portant bien la voile, il contribua comme les autres à acquérir

7 - *Le* ***Conquérant*** - *Vaisseau armé en 1827 avec 86 canons, modifié en 1847 - 1808.*

8 - **Le Fleurus.** *Vaisseau de 100 transformé à vapeur - 1825.*

9 - **Le Suffren.** *Vaisseau de 80 - 1824.*

10 - La **Ville de Marseille** - *Vaisseau vedette de 74 canons, construit en 1812.*

11 - La Didon -

12 - **L'Artémise**. *Frégate de 54 canons - 1828.*

13 - **La Pénélope**. *Frégate de 48 canons - 1804.*

un grand renom à son constructeur. Pour sa disposition il suffit de redire que c'est le trois-ponts moins une batterie basse et avec 14 canons armés de chaque bord au lieu de 17. Tout le reste est d'une proportion analogue, comme les dessins à la même échelle de M. Roux le font bien apprécier. Son nom est venu de ce que, à cette époque, les grandes villes offraient au gouvernement des vaisseaux : Paris et Lyon des trois ponts, comme l'avaient fait des ordres dans l'ancien régime. La flottille de Boulogne fut le fruit du don des moindres villes.

La *Ville de Marseille* est dessinée en panne ; elle présente le côté gauche au vent, tandis que la frégate qui communique avec elle par un canot, a le côté droit au vent. C'est la panne bâbord et la panne tribord au vent. Le navire est alors presque immobile, parce qu'ainsi que le montrent les dessins, il a ses voiles extrêmes pleines et par suite le poussant vers l'avant, tandis que celles du milieu, placées carrément, sont collées sur le mât et poussent en arrière, d'où une sorte d'équilibre.

Les basses voiles sont carguées parce qu'elles ne seraient que nuisibles. On voit en outre que la brigantine et le grand foc sont établis, pour équilibrer la voilure dont le gouvernail ne compense plus les effets, puisque l'immobilité annule son action. Souvent on hale bas le foc et on garde la barre sous le vent, pour que le navire reste le plus possible rapproché de la direction de ce dernier et que le gouvernail l'y ramène s'il prend un peu de vitesse. La position opposée des basses vergues est celle qui convient pour embarquer ou débarquer la chaloupe.

On arrêtait aussi le navire en masquant le petit hunier au lieu du grand, et alors le navire était dans la position du *Montebello*. Cette panne avait ses avantages lorsqu'il fallait faire route et chacune devait être choisie suivant les circonstances, et surtout suivant le voisinage de terres ou de dangers situés sous le vent.

Le cri d'un homme à la mer ne se fait que trop souvent entendre et produit toujours une vive émotion, surtout la nuit. Aussitôt, les bouées de sauvetage pendues derrière sont lâchées et souvent elles ont un artifice qui s'enflamme aussitôt et dure assez longtemps. Rien n'est triste comme cette lumière isolée sur une mer obscure et entourée de petites étincelles de pluie éclairée. La manœuvre à faire est naturellement d'arrêter la marche en mettant aussitôt en panne, dût-il en résulter quelque avarie, et attendre que le navire n'ait plus d'air pour carguer les basses voiles, et ce qui est inutile.

Lorsque le bâtiment courait vent arrière, ou grand largue, il fallait venir aussitôt dans le vent, dût-on casser des bouts dehors, et déchirer des bonnettes, puisqu'on se serait trop éloigné pendant le temps qu'on aurait mis à les rentrer. L'admirable célérité d'action de notre système nerveux, doit se montrer dans les manœuvres d'un navire à voiles, dont nous avions presque fait un animal ; son instinct directeur était notre pensée, et nos bras sa force musculaire agissant sur les cordes comme tendons. Il faut que sans avoir le temps de réfléchir, l'officier ait autant l'instinct de ce qu'il faut faire pour le commander sans délai, que le matelot pour exécuter avec ensemble et à propos tous les mouvements si variés qu'entraîne un seul commandement. On peut dire que sur mer il faut penser mûrement, peser toutes les chances d'un avenir inconnu lorsqu'on est en bas à tracer sa route sur la carte, à estimer où est la terre ; car lorsqu'on est longtemps sans voir le soleil, on ne sait quelquefois pas à 12 ou 15 lieues près où l'on se trouve. Au contraire sur le banc de quart, il faut être assez habitué à tout ce qui peut arriver, pour commander presque avant d'avoir pensé, comme un cavalier qu'un écart ne fait pas bouger sur sa selle. C'est ce qui a lieu au cri d'un homme à la mer, ou de brisants devant.

Si c'est rare, ce n'en est que plus important, et il faut y être instinctivement préparé par la navigation car le résultat des études ne donne que de la lenteur.

Avec la vapeur, il n'y a plus guère que les rencontres qui exigent cette présence d'esprit, mais la célérité de la marche et le manque de documents sur ce que fait l'autre navire, sont des dangers plus sérieux qu'avec les voiles dont la vaste silhouette se distingue presque toujours. Mais pour le cas d'un homme à la mer, un officier manœuvrier peut utiliser l'énorme puissance qui lui obéit si docilement, et venir avec le navire lui-même, chercher l'homme, s'il voit où il se trouve...

Dès que le navire est arrêté il fait mettre un canot à la mer, ce qui, très facile par beau temps, est difficile, dangereux, ou même impossible lorsque la mer est trop grosse. Un navire à la cape peut être forcé d'abandonner ainsi un homme, cela c'est vu, et il a fallu le sang-froid des chefs pour arrêter le zèle courageux des matelots.

Cette difficulté provient de ce qu'en descendant le canot, il est suspendu par des points d'autant plus élevés, que le navire est plus grand ; or, ces points sont les bouts des arcs-boutants latéraux, ils sont violemment entraînés à droite et à gauche par le roulis, balançant le canot en l'éloignant de plusieurs mètres pour le ramener choquer le long du bord, avec une force à laquelle les mains des hommes ne peuvent résister ; il y a de quoi briser les côtés du canot. Une autre difficulté est l'arrivée sur l'eau, les points de suspension montent et descendent de plusieurs mètres à chaque mouvement du vaisseau, le canot touche l'eau et donne du mou dans ses palans pour les retendre par un choc violent lorsque, le navire se relève ; quand il s'abaisse de nouveau, le canot plaque sur l'eau et plus d'un bout que de l'autre, suivant la surface mouvante des vagues ; si l'un des palans reste croché l'autre soulève le canot par un bout et le remplit par l'extrémité opposée. On se fait peu l'idée du sang-froid et de l'adresse qu'il faut que les matelots déploient en pareil cas, et malgré les inventions les plus ingénieuses et les plus variées pour larguer instantanément et à la fois les deux palans au lieu d'avoir à sortir les deux crocs, c'est toujours dangereux avec grosse mer. Pour les grands navires ces difficultés augmentent par l'élévation, le temps plus long que la manœuvre demande et le poids considérable des canots.

Maintenant que l'usage des légères baleinières est devenu général, c'est la meilleure embarcation, et à chaque quart, le maître fait l'appel des baleiniers de sauvetage, pour être sûr de n'avoir à employer que des hommes capables et qui se connaissent.

Ces dangers de la mer ne sont guère connus que par quelques récits et par les efforts de l'une des plus utiles de ces sociétés modernes réunissant des capitaux volontaires pour faire le bien ; celles de sauvetage ont un matériel spécial et un personnel choisi dont le courage, souvent malheureux par l'excès du péril affronté, mérite les éloges et les récompenses. Les heureux de la terre ne savent pas tout ce qui est arrivé dans le transport des produits les plus lointains, devenus si abondants qu'on ne se doute plus de la distance des pays qui les produisent. Quand ils entendent le vent siffler et que la pluie les gêne pour embarquer dans une voiture, ils peuvent quelquefois penser qu'il y a des marins, des pêcheurs surtout, qui courent des dangers, pour leur envoyer de quoi faire pieusement maigre. La nuit, tous ces dangers augmentent ; on ne sait où trouver le malheureux. Ainsi, sur une frégate, entre Mascate et Bombay, par ces temps sombres et pluvieux de la mousson de sud-ouest, un matelot attachant une bonnette dans les haubans, casse la corde, tombe à l'eau en se donnant un élan pour parer les canons et crie lui-même : « Un homme à la mer ! » L'obscurité eût sans cela empêché de connaître sa chute.

Le navire mit en panne, avec les basses voiles battantes, le canot fut descendu sans accident et partit. Il était dix heures et demie du soir ; tout le monde restait sur le pont sans parler. À minuit on demanda au commandant à partir dans un autre canot. Trop inquiet sur le sort du premier, il refusa. Le temps était un peu moins mauvais à une heure du matin, il céda et le canot partit avec plus de calme, ne se pressa pas tant, il s'arrêta pour écouter. On était déjà loin, les feux de la frégate disparaissaient dans la pluie ; on craignait d'avoir dépassé, lorsqu'une petite voix se fit entendre « Ici, plus sur bâbord » et on recueillit ce jeune homme qui n'avait pas perdu espoir et disait : « Je savais bien que le commandant ne m'abandonnerait pas, et au jour qu'on aurait louvoyé, mais j'avais déjà bien froid ! » On comprend la joie que le retour causa. Ce retour facile cette fois, parce que la mer n'était pas trop grosse, se montre souvent presque aussi dangereux que le départ, car les mêmes difficultés existent pour accoster, monter à bord, et ensuite pour hisser le canot. C'est comme l'accostage à bord des navires naufragés, ou celui en retour à une côte battue par la mer. Les inventions modernes les ont un peu diminuées, mais le courage et l'adresse seront toujours la meilleure ressource pour lutter contre la nature.

Ce qui précède montre une réussite parce que les circonstances n'étaient point trop difficiles, mais combien de catastrophes ont été terribles. Ce n'est point à un marin de les raconter, ce doit être légué à un poète.

Pour continuer la série des constructions représentées par M. Roux, il faut passer aux frégates à voiles puis à celles pourvues de machines à vapeur.

Pl. 11. – La *Didon*

Frégate de 60 canons, construite par M. Leroux, mise à l'eau en 1828. — Cette photographie fait apprécier la forme arrondie de l'arrière, adoptée parfois depuis 1815 ; elle montre le type des grandes frégates, armées de bout en bout de caronades sur le pont et représentant avec le nom de frégate une force presque égale à celle des petits vaisseaux.

De plus ces navires portaient beaucoup de vivres et d'eau, ce qui leur aurait fait jouer un rôle important dans les parages lointains avant les télégraphes électriques et les navires à vapeur, qui les auraient traqués partout, si l'adoption des cuirasses les avait laissé subsister. Ce sont des navires qui ont emporté les regrets des marins et qui, moins majestueux que les vaisseaux, se montraient élégants sur l'eau malgré la raideur de leur forme ; ils étaient faciles à manœuvrer et avaient une marche bonne pour leur époque. La mâture n'avait rien de spécial et est suffisamment montrée par le dessin.

La *Didon* est représentée sous ses voiles hautes et presque vent arrière, venant se mettre dans les eaux d'une frégate semblable, qui est en panne avec son grand hunier sur le mât.

Pl. 12. – L'*Artémise*

Frégate de 52 canons, construite en 1828, d'après les plans de M. Hubert. — C'était, à la grandeur et au calibre des canons près, des navires semblables au précédent. Ils naviguaient fort bien, avaient une bonne marche pour leur

*14 - **La Galathée**. Frégate de 46 canons - 1812.*

15 - **La Pomone**. *Frégate de 46 canons - 1806.*

16 - ***La Pomone.*** *Frégate transformée à hélice - 1846.*

17 - **L'Audacieuse**. *Frégate à vapeur de 800 chevaux - 1854.*

*18 - **La Victorieuse**. Corvette à batterie couverte - 1804.*

époque, contenaient beaucoup de vivres, étaient d'une habitation aussi salubre que les nouveaux vaisseaux et ils ont rendu de bons services pour les campagnes lointaines, auxquelles ils étaient surtout destinés. Celui représenté les voiles au sec a fait un voyage autour du monde de 1836 à 1840, sous les ordres de M. Laplace, et son abattage en carène, après avoir arraché une partie de sa quille sur un récif de Tahiti, montrera ce genre d'opération à la fin de ce recueil.

Pl. 13. – La *Pénélope*

Frégate de 46 canons, commencée en 1804 et mise à l'eau le 28 octobre 1806. — Les frégates de ce genre ont contribué à établir la réputation de M. Sané, au moins autant que ses vaisseaux de 120, de 80 et de 74 ; elles avaient d'excellentes qualités nautiques, évoluaient très bien, étaient d'une dimension mieux assortie à la taille de l'homme que les grands vaisseaux. Leur aspect élégant dans sa simplicité, était assorti au goût de leur temps.

En 1815, la France possédait 50 de ces navires dont 14 sur les chantiers. Leur armement composé d'abord de 40 canons de 18 long fut remplacé après 1815, par 28 canons de 18 long, 16 caronades de 24 et 2 canons de 18 court sur le pont.

Les quatre frégates de la planche de la *Pénélope* montrent les périodes d'évolution du virement de bord vent arrière, nommé à bord virement lof pour lof, qui s'effectue en tournant relativement au vent de manière à lui présenter un instant l'arrière et à revenir ensuite au vent pour suivre une nouvelle route. Pour cela, comme chaque voile pousse la partie du navire où elle se trouve, l'effet de la brigantine est annulé en la carguant et celui des voiles de l'arrière l'est également en carguant la grande voile et en brassant les voiles hautes de manière à ce qu'elles battent, tandis que les voiles de l'avant restent orientées et pleines. Alors la barre est mise au vent, le navire lui obéit et fait ce qu'on appelle *arriver*, jusqu'à ce qu'il soit vent arrière ; c'est ce que commence la *Pénélope* et c'est à quoi est arrivée la frégate de droite, pour continuer comme celle qui est près d'elle et se trouver en route au plus près sur l'autre bord comme celle de gauche.

Cette évolution dite *vent arrière par la contremarche*, fait perdre beaucoup de route sous le vent et n'est possible que lorsqu'on a de l'eau libre dans cette direction ; elle est seule praticable lorsque le vent a forcé de réduire la surface des voiles, et que la grosseur de la mer empêche de venir dans le vent, pour effectuer l'autre manière de virer de bord.

L'évolution représentée est au contraire effectuée de beau temps et cela dépend de ce qu'il convient de faire.

Pl. 14. – La *Galathée*

Frégate semblable mise à l'eau en 1812, refondue à Brest en 1822 et démolie en 1837. — Cette courte durée est tout ce que l'on peut obtenir des navires en bois, et elle est souvent moindre, malgré un entretien constant et des réparations partielles dispendieuses ; il y a même des périodes de dépérissement, qui excluraient presque l'emploi à la mer.

La *Galathée* est représentée au plus près tribord amures, avec belle mer et une brise fraîche ; c'est dans de telles circonstances qu'un navire marche le mieux au plus près et gagne le plus dans le vent. Le vaisseau de droite est sous la même allure, mais bâbord amures et la corvette de gauche roule vent arrière.

La *Galathée* montée en 1824 par M. Villaret-Joyeuse était une des plus jolies frégates de l'escadre d'évolutions commandée par l'amiral Duperré, ayant l'amiral Roussin sous ses ordres à bord de l'Amphitrite. Sauf la *Vénus*, toute cette escadre était composée de navires de M. Sané.

Pl. 15. – La *Pomone*

À voiles. — Cette frégate, semblable à la précédente, a été construite en 1804, et on la voit courant vent arrière avec grosse mer, et roulant, ainsi que les navires voisins, sous cette allure avec laquelle les voiles placées d'équerre par rapport à la quille, n'appuient pas le navire, comme lorsque le vent soufflant du travers leur fait présenter une surface oblique.

La vitesse du navire étant alors beaucoup moins différente de celle des vagues, il en résulte que le mouvement propre du navire, que l'on peut appeler pendulaire, se rapproche davantage du passage des vagues, causes du mouvement. Alors ces effets s'ajoutent, comme les impulsions périodiques que l'on donne à une balançoire, d'où résultent des roulis beaucoup plus étendus, que lorsque le navire est au plus près et que les vagues passent beaucoup plus vite par rapport à lui, tandis que ses voiles presque parallèles à la longueur le font incliner, mais l'appuient.

Vent arrière, on a souvent les voiles additionnelles sur les côtés nommés bonnettes, mais ce n'est qu'avec des brises maniables, pour que leur installation accidentelle puisse résister et ce n'est pas le cas de la *Pomone*. La figure géométrique de la voilure d'un vaisseau montre la disposition et la grandeur de ces voiles additionnelles.

Pl. 16. – La *Pomone*

À vapeur. — Cette frégate fut choisie pour le premier essai sérieux de l'hélice en France à bord d'un ancien navire à voiles très peu modifié. Le plan de la machine fut dû à l'ingénieur suédois Holm, qui vint proposer l'hélice de son compatriote Ericsson, et ce type de machine est encore le plus usité, de même que ses pompes à air, à course égale à celle du piston et à double effet ainsi qu'à clapets non métalliques, qui ont assuré le succès des machines directement attelées à l'hélice et, par suite marchant aussi vite qu'il faut que celle-ci tourne.

La difficulté d'atteindre sans inconvénient cette vitesse de rotation a forcé à employer trop longtemps de lourds engrenages disposés d'une manière désavantageuse, c'est-à-dire augmentant la vitesse, au lieu de l'effet inverse, c'est-à-dire d'accroître l'effort par la lenteur.

Comme le montre la planche, l'aspect de cette frégate n'a pas changé, elle n'a en apparence qu'une cheminée de plus et sa photographie a été placée à côté de son état primitif, pour montrer comment on avait doté l'ancien navire à voiles d'une machine de 220 chevaux, regardée alors comme puissante, sans ôter rien à l'ancienne voilure.

Pour opérer cette modification le massif arrière avait été épaissi, pour laisser passer l'arbre d'une hélice placée en porte-à-faux et le gouvernail avait été remplacé par des sortes de volets latéraux, cachés dans le massif, lorsqu'ils ne devaient pas être obliqués l'un ou l'autre pour servir de gouvernail. Ce système n'ayant pas donné de bons résultats on allongea l'arrière de la longueur de l'espace vide, nommée cage de l'hélice, au-dessus de laquelle une large ouverture nommée puits, permettait de remonter l'hélice avec le châssis qui la portait, de manière à ne pas gêner à la voile et à permettre de tout visiter.

On obtint sur la *Pomone* une vitesse de 8 nœuds (14,8 kilomètres), ce qui était fort beau à une époque où les navires à roues les plus puissants n'en atteignaient que 11 (20 kilomètres) seulement en expérience.

Pl. 17. – L'Audacieuse

Frégate à vapeur, construite à Brest de 1854 à 1856 sur les plans de M. Dupuy de Lômes — Quoique cette frégate eût été construite pour être entraînée par une machine, il convient de la placer ici, pour compléter la série de ce genre de navire.

Elle est représentée changeant son rôle de navire à voiles, pour prendre celui de vapeur, en carguant ses voiles carrées et ne conservant que les goélettes et les focs. On remarque la grande différence de cette frégate et des précédentes, son extrême longueur, et l'écartement de ses mâts, qui en est la suite. C'est que le moteur mécanique ne nécessite plus comme les voiles seules, que le navire soit court, afin que pour virer de bord la durée de l'évolution, qui est en raison de la longueur, ne soit pas assez longue pour que le navire puisse arriver à être debout au vent avant d'être resté immobile et sans gouverner.

Voici les dimensions principales de cette frégate, qui eut en même temps quatre imitations : longueur à la ligne du pont 74 m. 78 ; largeur hors bordages 14 m. 79 ; rapport 1 à 5 ; creux 6 m. 80 ; tirant d'eau arrière 6 m. 88, avant 5 m. 78 ; différence 1 m. 10 ; déplacement 3,825 tonn. ; armement 56 canons : 46 de 30, 6 obusiers de 22 et 4 canons rayés ; la machine de 800 chevaux nominaux a donné une vitesse de 12 nœuds (22 kilomètres) et la surface des voiles du plus près était 2,522 m^2.

Pl. 18. – La Victorieuse

Corvette à batterie couverte. — Ce navire qui eût été classé parmi les frégates quelques années plus tôt, a été commencé en 1804 et mis à l'eau en 1806. Il était construit d'après les plans de M. Pontet, corrigés par M. Sané et il fut offert à Bonaparte par l'armée d'Italie. Voici ses dimensions principales : longueur 38 m. 98 ; largeur hors membres 9 m. 75 ; creux 5 m. 30 ; tirant d'eau en charge, arrière, 4 m 55 ; avant 3 m. 90 ; différence 0 m 65. La *Victorieuse* était armée à l'origine de 20 canons de 8, ce qui réduisait le poids de sa bordée à 40 kil., et cet armement fut remplacé plus tard par 6 canons de 5 et 20 caronades de 24, environ 126 kil. Ce genre de navire n'a pas été imité, en ce qu'il était trop petit pour avoir une batterie couverte, puisqu'il faut avoir la hauteur des hommes, et trop grand pour l'artillerie qu'il portait.

La *Victorieuse* est représentée en calme, avec ses voiles pendantes, les canots le long du bord comme au mouillage et dans cet état d'immobilité, si impatientant et si long quelquefois, que le charbon brûlé fait complètement ignorer maintenant. Encore a-t-elle une mer unie, mais le calme avec grosse houle était ce que la navigation à voiles avait de plus ennuyeux et de plus fatigant, même pour le bois et les cordes du navire.

En 1844, elle au fait la campagne de Chine, commandée par M. Rigaud de Genouilly, alors capitaine de frégate.

Pl. 19. – La Fauvette

Corvette à batterie barbette, construite en l'an X sur les plans de M. Ozanne. Sa longueur était 34 m. 26 ; la largeur hors membres 8 m. 44 ; le creux 4 m.75 ; le tirant d'eau arrière 4 m. 74 ; avant 3 m. 78 et le déplacement 475 m^3 ; l'équipage était de 110 hommes.

La *Fauvette* est représentée avec des voiles d'étai établies et son perroquet de fougue sur le mât, c'est-à-dire poussant vers l'arrière, pour retarder la marche. On se sert de ce moyen commode, puisqu'il suffit de brasser une petite voile, lorsqu'on veut diminuer accidentellement la vitesse du navire sans carguer des voiles beaucoup plus grandes et d'une manœuvre plus laborieuse.

Pl. 20. – La *Diligente*

Corvette à batterie barbette, construite en 1801 par M. Ozanne. — La *Diligente* à fait la réputation de son constructeur par la rapidité de sa marche et la nouveauté de ses formes, plus fines et surtout plus aiguës dans les parties inférieures, qu'on était habitué à le voir.

Son auteur a une autre célébrité bien méritée, par les dessins aux deux crayons ou au lavis qu'il donnait à ses amis et dont la collection exposée sur les murs n'est qu'une faible partie de ce que possède le musée, grâce au don fait par sa nièce, Madame Coiny. On n'a jamais donné plus de vie aux navires, que par ses dessins reproduits en partie par les gravures de sa sœur et de son beau-frère. Si la marine passée excitait quelque peu d'intérêt, la reproduction photographique d'une partie de cette collection serait un service rendu au souvenir de l'art naval.

La *Diligente* est représentée au plus près tribord amures avec une brise fraîche, les voiles tendues n'ont pas un pli et cèdent un peu à l'effort du vent, en prenant une forme bombée ; elles ont l'air d'être en une matière solide. Comme le vent fraîchit, la *Diligente* cargue les perroquets pour les serrer, et s'il souffle davantage, elle sera forcée de prendre des ris, comme le brick le *Grenadier*, dont il sera plus tard question.

Jusqu'à présent tous les navires avaient des voiles carrées au mât d'artimon, celui-ci n'a qu'une brigantine et lorsqu'il fait petite brise une voile triangulaire sur la gaule, qui surmonte son bas mât. C'est ce qu'on appelle les navires à mâtereau, qui présentent un intermédiaire avec les bricks, à mesure que le navire devenu plus petit, rapproche ses mâts et n'exige pas une aussi grande division des voiles.

Pl. 21. – La *Favorite*

Corvette à batterie barbette, représentée en panne tribord au vent, comme le *Montebello* ; elle diffère de la *Diligente* et de la *Fauvette* en ce que sa poupe est ronde et qu'elle est plus rase sur l'eau. Comme ses dimensions sont portées au tableau, il est inutile de les mentionner ici.

La *Favorite* a été commandée en 1840 par l'amiral La Place, alors capitaine de frégate et elle a fait un voyage autour du monde décrit dans une intéressante relation.

Pl. 22. – La *Tactique*

Brick construit en 1792. — À mesure que la grandeur du navire diminue, les voiles suivent la même proportion et deviennent, ainsi d'une manœuvre facile, mais il est un point où cela devient une complication inutile et alors on retranche un mât, ce qui produit le brick, et si on réduit à un seul on a un cotre. C'est ce genre de navire que représente la *Tactique* construite à Saint-Malo, et dont l'armement était de 18 canons de 6, 2 caronades et 2 pierriers.

Pl. 23. – Le *Grenadier*

Brick de 20 canons, mis à l'eau en 1825 et construit d'après les plans de la Commission citée plus haut à propos du *Fleurus*. L'armement a été vers la fin de 4 obusiers de 30 et 14 caronades de 24, c'est-à-dire très supérieur à celui de la *Tactique*,

19 - **La Fauvette.** *Corvette à batterie borbette - 1801.*

20 - **La Diligente.** *Corvette à batterie borbette - 1801.*

21 - **La Favorite.** *Corbette à batterie borbette - 1839.*

22 - **La Tactique.** *Corvette à matereau - 1792.*

23 - **Le Grenadier**. *Brick à poupe ronde - 1825.*

par suite de l'adoption de nouvelles pièces d'artillerie. Le *Grenadier* a un arrière rond et il exécute une manœuvre journalière dont la date n'est probablement pas ancienne, c'est celle de diminuer la surface des voiles, en pliant une partie de la toile et l'attachant par de petites cordes à la vergue, ce qui s'appelle prendre des ris.

Sur les grands navires il y en a quatre rangées que l'on plisse successivement, suivant la force du vent. Cette manière d'assortir la surface à l'effort du vent est européen, les autres peuples font tomber leur voile *en jalousie*, la roulent par le bas, ou en changent suivant la force de la brise.

Avant d'opérer comme maintenant, on avait en Europe des surfaces additionnelles qu'on laçait sous la voile et entre elles, ce qui a été usité jusque vers la fin du siècle dernier pour les basses voiles et ne l'est plus que pour les chasse-marée. Les huniers seuls ont plusieurs ris, parce qu'ils montent ou descendent le long de leur mât suivant la hauteur de la surface à réduire, tandis que les basses voiles, dont les vergues restent toujours suspendues au même point, ont un seul ris à la partie supérieure.

Quant aux voiles les plus hautes, telles que les perroquets et les cacatois, elles n'ont pas de ris, et on cargue leur petite surface pour les serrer ensuite, lorsque le vent fraîchit et les fait agir trop énergiquement au bout de leur long levier.

Pour prendre des ris, la vergue d'hune est descendue au plus bas, elle repose sur le chouque, elle est aussi brassée en travers pour que la voile ne soit pas tendue, qu'elle batte et résiste moins aux efforts des hommes. Dès que la vergue est basse, les côtés de la voile sont tirés jusqu'au bout de la vergue par des cordes venues d'en bas, nommées *palanquins*, ce qui soutient le poids et les battements de toute la partie inférieure de la voile. Alors les hommes se répandent de bout en bout de la vergue, ils tirent tous ensemble la toile du côté du vent où un matelot, à cheval sur le bout de la vergue et son bras, tourne plusieurs fois une petite corde dans l'œillet du bord de la voile et autour de la vergue. C'est l'empointure du vent.

Cela fait, la toile est tendue sous le vent, la seconde empointure prise ; puis chaque matelot plisse la toile et serre également les garcettes. On prend toujours tous les ris l'un après l'autre en attachant successivement chaque rangée de garcettes.

De gros temps cette opération est souvent difficile et ce n'est pas sans inquiétude qu'on voit tant d'hommes à plat ventre sur cette vergue, que la toile secoue et qui n'est tenue que par le bras du vent, qui paraît quelquefois bien faible, pour être le salut de tous ces hommes, dont malgré le raccourci, le dessin fait apprécier la position. On ne se fait pas l'idée à terre, ou en rade, des tours d'adresse et des traits de courage dont les vergues sont témoins, lorsqu'il vente frais et qu'il s'agit de prendre des ris ou surtout d'étouffer des voiles telles qu'un grand hunier de vaisseau, qui a 540 m^2 de toile et cela pendant la nuit, avec la pluie sur le dos, des mouvements violents et au bruit du vent, qui force quelquefois à étager des hommes dans les haubans pour faire passer la voix, afin qu'on sache en bas, s'il faut amarrer ou tirer telle ou telle corde.

Aussi faut-il du temps pour que les hommes s'habituent à tous leurs rôles divers, à s'entendre et à parvenir à un ensemble qui est difficile à obtenir, surtout la nuit. Il faut quelque temps de navigation pour compter sur son équipage aussi bien la nuit que le jour. Ces périls journaliers, cette sorte de guerre constante avec les éléments, amenaient du temps des voiles à une sorte de liaison et d'estime mutuelle ; on peut dire que dans cette petite société isolée, il se faisait des célébrités pour un hunier étouffé dans un coup de vent, ou un homme à la mer sauvé de gros temps.

Les navires à vapeur ont fait disparaître tout cela, avec les trois ou quatre torchons noirs qu'ils ont en l'air et qui ne sont ni nécessaires à la marche, ni dangereux par leur étendue. Cette navigation a diminué les dangers du matelot, mais elle lui a enlevé les occasions de montrer son adresse et son énergie par la guerre perpétuelle contre les éléments : elle a agi sur lui comme la paix sur le soldat.

Les difficultés de manœuvre dont il vient d'être question sont assez connues pour qu'on ait songé à les diminuer, et l'un des procédés les plus répandus est celui des ris du capitaine de frégate Béleguic, dont l'adoption est aussi générale que celle du cabestan à empreintes du commandant Barbottin et du stoppeur du camarade Legoff, pour manœuvrer les chaînes avec autant de facilité que de sécurité.

Les ris Béleguic consistent en cordes tendues devant et derrière, le long de la bande de ris et tenues entre elles à travers chaque œillet de garcette ; de petites cordes attachées à la vergue remplacent les garcettes et sont passées sous la corde située en avant et amarrées à un cabillot.

Mais de la sorte il faut encore monter sur la vergue, ce que l'on a cherché à éviter en roulant la toile, soit autour de la vergue elle-même, soit autour d'une vergue supplémentaire placée en avant, l'une ou l'autre étant tournée au moyen d'un anneau à empreintes et d'une chaîne tirée d'en bas. Mais de la sorte la toile emportée sous le vent se roulait mal et on a préféré diviser les huniers en deux par une vergue intermédiaire, afin de n'avoir que la moitié de la toile à maîtriser à la fois, et de la mettre à l'abri de la voile du dessous.

On s'étend autant sur les manières d'assortir la surface des voiles à tous les changements de vent, parce que c'est à elle surtout, qu'on doit d'avoir de grands navires, de mouvoir des citadelles comme les vaisseaux, ce qui eût été impossible si la difficulté primitive de manœuvrer des voiles avait continué à présenter ses obstacles.

Pl. 24. – Le *Mercure*

Brick mis à l'eau à Brest en 1842, armé de 16 caronades de 30 et de 2 obusiers de 16. Il ne différait guère du précédent que par la forme carrée de son arrière. Il est en calme et à droite est un vaisseau dont les voiles sont disposées pour achever de virer de bord vent devant.

Pl. 25. – La *Gazelle*

Brick-goélette de 16 caronades de 18, mis à l'eau en 1821. Il est représenté tribord amures avec une brise très faible ; la *Gazelle* montre la nature toute différente des voiles de ses deux mâts, celui de l'avant ayant des voiles carrées et à l'arrière se trouvant une grande voile en trapèze, surmontée de petites voiles carrées. Il en résultait sur le même navire un mélange de qualités et de défauts différents, qui n'a pas donné de bons résultats ; aussi le nombre des bricks-goélettes a-t-il été très restreint.

En admettant que le mât de l'avant soit semblable à celui de l'arrière, mais un peu plus petit, on a l'aspect de la goélette, genre de navire léger qui a eu peu de succès en France mais a été usité surtout aux États-Unis d'Amérique jusque dans des dimensions beaucoup plus petites ou plus grandes. Les planches 60 et 69 en donnent une idée.

Pl. 26. – La *Durance*

Gabare à batterie ou corvette de charge. Construite en 1847, d'après les plans primitifs de M. Forfait en 1788, sur lesquels on a construit beaucoup de navires de cette sorte, qui portèrent les noms de nos grandes rivières. Ils furent aussi nommés transports, leur but étant de ravitailler les escadres lointaines avec des denrées de France, avant qu'il fût facile d'en trouver partout, ainsi que de l'argent avec des traites et cela d'une manière beaucoup moins dispendieuse.

Ces navires avaient presque l'aspect des anciennes frégates, dont ils égalaient parfois la marche, et si leur membrure n'avait pas été plus mince, ils auraient porté une artillerie moins faible, que 20 ou 22 caronades de 24, plus tard 14 obusiers de 30 et souvent beaucoup moins, suivant la cargaison.

L'usage de ces navires est complètement abandonné depuis les machines à vapeur et il n'en reste pas à flot ; ce sont plutôt des navires aptes à transporter beaucoup d'hommes que l'on a construits, voir le *Mytho*, pl. 46.

Pl. 27. – L'*Astrolabe*

Gabare écurie, mise à l'eau en 1811 ainsi que plusieurs autres et nommée d'abord Coquille. Malgré sa destination première si modeste, ce petit navire est un de ceux qui ont joué un des rôles les plus importants et les plus méritoires. La *Coquille* fit, pendant cinq ans, les cartes de la Méditerranée et de la mer Noire avec le commandant Gautier ; elle reçut à Naples un coup de foudre qui la força d'aller s'échouer, mais en perdant sa cargaison de vivres.

Elle fit pendant trois ans un voyage autour du monde sous les ordres de M. Duperré, changea de nom pour repartir en 1826 sous les ordres de M. Durville, s'échoua six fois, apprit à Hobert Town les découvertes du capitaine Dillon, qui voulant savoir si deux hommes laissés antérieurement à Tikopia existaient encore, eut les premiers documents probables sur le naufrage de La Pérouse. *L'Astrolabe* ayant eu trop tard connaissance de ces faits eut à découvrir le lieu du naufrage et au troisième tour de l'île, sa chaloupe resta deux jours à draguer sur les restes de son homonyme, voyant clairement la direction, les ancres, les canons et pouvant apprécier la manière dont le navire s'était échoué.

Une partie des débris exposés provient de ce dragage pénible. Depuis lors les Français sont retournés à Vanikoso et au moyen du scaphandre ils ont rapporté les grosses ancres et les gros canons que l'*Astrolabe* n'avait pu emporter et on les a placés en sorte de trophée sur une place d'Albi, ville natale de La Pérouse.

En 1837, l'*Astrolabe* repartit avec M. Durville accompagné cette fois de l'amiral Jacquinot qui avait fait toutes les mêmes campagnes avec lui et montait la *Zélée*, navire semblable. Ils se firent étreindre par les glaces et découvrirent des terres vers le pôle Sud et ils restèrent à sec dans le détroit de Torrès pendant plusieurs heures. Enfin après quelques navigations insignifiantes, l'*Astrolabe* refondue plusieurs fois fut démolie et servit à chauffer des bureaux en 1851 après quarante ans de service, presque toujours à la mer.

C'était presqu'un trois-mâts marchand de marche médiocre, mais se comportant bien par les grosses mers. Son peu de tirant d'eau le rendait propre à chercher l'inconnu, à faire des découvertes avec la quille, comme on le dit, et son équipage peu nombreux exposait moins à une catastrophe par un naufrage lointain, en ce qu'il avait des chances de se sauver en entier dans ses canots.

M. Durville a été embarqué à bord de ce navire quatre fois ; d'abord avec M. Gautier et ce fut pendant que ce dernier observait sur le sommet du mont Saint-Elie de Milo pour opérer son travail remarquable de l'Archipel, que l'on trouva

24 - ***Le Mercure***. *Brick de 18 canons - 1842.*

25 - **La Gazelle**. *Brick-goélette - 1821.*

26 - **La Durance**. *Corvette de charge - 1847.*

27 - **L'Astrolabe**. *Gabare-écurie - 1811.*

la Vénus dans les ruines d'un théâtre. M. Durville qui était très lettré, reconnut l'importance de cette statue et fit un rapport qui engagea notre ambassadeur à Constantinople, M. de Rivière, à acquérir au plus tôt ce chef-d'œuvre antique, que des ordres étrangers disaient en même temps d'acheter, et M. Brett, consul de Milo, fit assez de diligence pour l'avoir et l'envoyer en France.

Puisqu'il est ici question de mon ancien commandant, je dois dire qu'il était aussi un botaniste distingué, ayant vu les plantes sur les lieux où elles croissent, et qu'étant jeune, il avait publié à ce sujet un ouvrage intitulé *Flore levantine*. Outre les relations volumineuses des deux voyages dont il fut chef, il a publié pour la jeunesse, en 1834, le voyage pittoresque autour du monde, sorte d'inspection des pays lointains, illustrés de nombreuses gravures sur acier. Enfin son ancien aspirant a pu lui rendre hommage en plaçant son buste exécuté par M. Oliva d'après un plâtre moulé sur sa tête, devant les débris de La Pérouse rapportés par le capitaine Dillon et par lui.

Le souvenir de tels navires mérite d'être conservé, autant que celui de vaisseaux célèbres par des combats, et s'il est heureux que le musée possède le vaisseau le *Royal-Louis* que montait Tourville, il l'est également d'avoir le modèle d'un navire semblable à l'*Astrolabe* et d'en posséder aussi un bon portrait. On peut regretter de n'avoir pas de vestige des navires de La Pérouse et d'Entrecasteaux, et même de ceux de Cook, les voyages d'explorations scientifiques étant utiles à toutes les nations.

L'*Astrolabe* est représentée vent arrière avec une petite brise et une mer un peu grosse, alors le navire remue plus qu'il ne marche.

Pl. 28 et Pl. 29. *Navires du commerce armés en gardes-côtes, 1802.* — Ces planches présentent un intérêt spécial, en ce qu'elles exposent les navires marchands de la Méditerranée, que les gravures de Beaujean, épuisées maintenant, sont seules à nous montrer avec exactitude.

Pour permettre de rapporter ce qui suit aux dessins de la planche, il sera convenu que l'on commence par la première en suivant comme si on lisait. Ainsi, le premier dessin est le brick à pible, la *Ligurienne*, de 300 tonneaux, armé de 20 canons de petit calibre ; vient ensuite un pinque de 8 canons, un brick dont la mâture a été modifiée pour devenir celle de la *Bombarde* ; sur le premier plan, le brick à hune le *Lodi*, de 250 tonneaux, armé de 14 canons, et enfin, à droite, dans le lointain, la goélette la *Rose*.

Le brick le *Lodi* nous donne l'occasion de parler d'une manœuvre, que les autres dessins ne représentent pas ; c'est le changement subit de route sans céder au vent, comme celui décrit à propos de la *Pénélope*, pl. 13, mais au contraire, en gagnant contre sa direction. Cette manœuvre est basée uniquement sur l'inertie, c'est-à-dire sur la quantité de mouvement acquise par la masse du navire et en vertu de laquelle il continue sa route, jusqu'à ce que sa force, qui n'est plus renouvelée, soit usée à vaincre les obstacles de l'eau et du vent contraire. C'est le wagon en marche abandonné à lui-même, mais sur un support d'une surface infinie et bien plus résistante que les rails, puisqu'il faut que l'eau soit déplacée.

Voici comment cette manœuvre est opérée : le navire étant au plus près, les voiles pleines, mais aussi obliquées que possible, il utilise l'action locale de chaque voile ; ainsi, il met la brigantine parallèle à la quille pour pousser l'arrière sous le vent ; le navire commence à venir dans le vent, alors la barre est mise lentement sous le vent (elle est toujours à l'envers du gouvernail), le gouvernail oblique par conséquent au vent, et fait tourner dans ce sens. Les focs qui agissent au bout d'un long levier, sont aussitôt annulés en filant leur écoute, pour les laisser battre, en l'air. Toutes les autres voiles en font à peu près autant ; le navire continue à tourner, au point qu'il met le nez dans le vent, et fait que toutes les voiles sont collées sur les mâts et poussent en arrière. Alors les voiles de l'arrière sont toutes changées à la fois et obliquées à l'envers, ce qui les place en position de servir sur le nouveau bord. Celles de l'avant collées contre le mât continuent à faire tourner rapidement ; la barre est dressée parce qu'elle agirait à contre, alors que le navire commence à reculer, et dès que le vent va entrer dans les voiles de derrière, on change vite celles du devant, qui se remplissent aussi. On borde alors les focs, tout est rétabli comme sur l'autre bord et on fait route au plus près du vent, après avoir ouvert les voiles et tendu leur toile en halant les boulines, qui tirent en avant le bord vertical de chaque voile, au moyen de cordes en patte d'oie attachées à la ralingue.

Quand on veut remonter un canal contre le vent, on vire à chaque fois qu'on s'approche de terre et on gagne ainsi successivement dans le vent, ce qui s'appelle *louvoyer*. Un bon navire s'avance ainsi à l'encontre du vent de plus du tiers de la route qu'il fait, et les bâtiments à voiles latines gagnent plus de la moitié, lorsque la mer est belle et la brise fraîche. L'eau qui porte le navire cède cependant sous le vent, bien que la surface longitudinale du navire soit très grande, et cette quantité nommée la *dérive*, diminue ce dont le navire gagne en apparence dans le vent par sa direction.

Lorsque le vent devient assez fort pour faire serrer successivement beaucoup de voiles, ou pour en réduire la surface par des ris, la dérive augmente toujours, parce qu'on ne peut pas obliquer autant les voiles pour s'approcher du vent, et surtout parce que la surface latérale du navire, qui ne change pas, augmente relativement aux voiles déployées ; elle pousse donc autant en travers, tandis que les voiles le font moins en avant ; d'où résulte plus de dérive.

En outre, la mer grossit en pareil cas, elle tourmente le navire par le tangage qu'elle produit, et la marche est retardée, tandis que la surface latérale pousse le navire sous le vent. Il en résulte que lorsque le vent fraîchit toujours, ces causes réunies augmentent au point que le navire ne va presque plus de l'avant : il est alors ce qu'on nomme *à la cape*, et il est emporté sous le vent sans pouvoir l'éviter, lorsque le vent est très violent et par suite, la mer très grosse. Déjà il ne pouvait plus virer de bord vent devant avec un vent un peu fort, puisqu'il lui faut surmonter plusieurs obstacles pour le faire, et si une côte ou des dangers sous le vent se trouvent trop près, il est parfois dans une position critique, qui s'est souvent terminée par un naufrage, d'autant plus terrible que la mer bat en côte, brise les canots qui approchent de terre et empêche de porter secours.

Les chances de l'évolution dont on vient de s'occuper étaient, à bien dire, exprimées jadis par le commandement que l'on faisait ; ainsi, en commençant à virer vent devant, on disait : « A Dieu va ! » comme si l'on se livrait au hasard, au lieu de se borner à dire : « file écoute de foc » comme on le fait maintenant.

Aussi fallait-il surtout beaucoup de prudence en hiver, lorsqu'on passait devant de longues côtes en ligne droite, telle que celle de Portugal, qui pendant les guerres de l'Empire a vu ses rochers couverts des débris de nombreux convois anglais. Nous avons perdu de la sorte la *Cornaline*, dont presque tout l'équipage a péri.

28 - **Navires du commerce**, *armés en Gardes Côtes - 1802.*

29 - **Navires du commerce**, *armés en Gardes Côtes - 1802.*

Il résulte aussi de cette impossibilité de s'élever dans le vent avec gros temps, que le navire à voiles incertain parfois de sa position, parce que le soleil n'avait point paru pour la corriger par des observations, trouvait souvent qu'il était prudent de cesser sa route en laissant assez d'eau entre lui et la terre, afin d'avoir de l'espace pour dériver avant de se trouver près des dangers, ou d'un passage étroit, à droite ou à gauche duquel il y avait chance de se perdre.

Pendant l'Empire une petite escadre a échappé à la poursuite de l'ennemi par une observation de la polaire faite par le capitaine Gauthier, dont il a été question plus haut. Il inspira assez de confiance pour laisser courir vent arrière avec un temps forcé, et passa le détroit de Gibraltar, pendant que l'ennemi, incertain de sa position, restait dans l'Océan.

Le navire à vapeur ignore toutes ces chances et ces difficultés, il va où il veut, quel que soit le temps ; sûr de pouvoir revenir sur ses pas, il peut alors venir chercher la terre, même avec un temps obscur. Pour lui le danger est la nécessité d'arriver à l'heure, quelles que soient les circonstances atmosphériques et les erreurs de sa route, mesurée seulement par le loch et dirigé par la petite aiguille aimantée ; erreurs que des observations astronomiques peuvent seules corriger, puisqu'à celles dues à des moyens de se diriger aussi imparfaits, s'ajoutent les courants, qui peuvent avoir transporté le navire à son insu.

On n'a point représenté de navire à la cape, parce qu'à bien dire, c'eût été presque ne faire qu'une étude de vagues ; le pauvre navire ayant alors une physionomie piteuse, avec ses mâts supérieurs supprimés, et seulement deux ou trois petites voiles dehors. Il y a des ouragans qui ne permettent même pas d'en déployer autant, parce qu'ils ont emporté ce qui était en place, et même usé celles qui étaient serrées. Le navire est alors à sec de toile et la violence du vent se montre parfois telle, que le peu de surface de mâts et de cordes restés en l'air suffit pour le coucher sur le flanc et annuler ainsi jusqu'à l'effet de son gouvernail. Il est alors engagé, et pour l'amener à pouvoir marcher, on a été réduit parfois à faire monter des matelots dans les haubans de misaine, pour présenter en avant une surface qui fasse tourner le navire. Si cela n'agissait pas on a plusieurs fois coupé le mât d'artimon, et même le grand mât, pour qu'il ne soutienne pas l'arrière et que le navire puisse se relever.

Si ces moyens réussissent, le navire fait route vent arrière, établit s'il peut la misaine, et comme on le dit, il fuit alors devant le temps, en roulant violemment. On se fait peu l'idée du malaise qui existe dans un navire pendant ce qu'on nomme un coup de cape ; tout est mouillé, toutes les ouvertures sont fermées pour éviter à l'intérieur d'être envahi par les vagues, qui jettent de l'eau sur le pont.

Dans les pays chauds, il fait à l'intérieur une chaleur fétide, que l'on dirait augmentée par la fermentation des objets de la cale. L'équipage n'a que du fromage, parce qu'on ne peut faire la soupe, et l'humidité des vêtements cause de petites maladies qui se prolongent pendant le beau temps. Heureusement les ouragans sont locaux et rares, mais nos coups de vent d'Ouest soufflent presqu'aussi violemment, se répètent tous les hivers et durent huit ou dix jours. Il était alors bien ennuyeux de rester à la cape assez loin de la terre que l'on venait chercher, et de prolonger péniblement une traversée déjà longue, parce que l'absence du soleil rendait la position du navire trop incertaine.

Navires à vapeur à roues

C'est au point de perfection qu'avait atteint le navire à voiles que la machine est apparue, modestement d'abord et se perfectionnant à mesure que l'industrie qui la créait, s'améliorait aussi. Ce n'est pas ici le lieu de chercher à suivre ces progrès et à définir ces appareils admirables ; c'est une collection d'aspects extérieurs qui nous occupe, et la machine ne montre son existence que par sa cheminée ou par la fumée qu'elle vomit.

Bornons-nous donc à ne décrire que les nouvelles qualités des navires, à donner leurs dimensions et à mentionner la vitesse qu'ils doivent à leur machine. Comme les types adoptés se sont suivis de très près, passons-les en revue par ordre de grandeur, en commençant par le plus grand de ceux à roues à aubes, sans mentionner les premiers essais.

Pl. 30. – Le Gomer

Frégate à roues de 450 chevaux. — Le Gomer a été commencé le 25 septembre 1840, mis à l'eau le 18 juillet 1845, terminé le 5 août 1848 ; il a été construit par M. Hubert, comme tous les autres navires à vapeur du commencement, et cet ingénieur, célèbre par plusieurs inventions utiles, eut le bon sens d'adopter les machines du meilleur fabricant anglais de l'époque, M. William Fawcett, alors que sur d'autres navires on avait mis des appareils inventés avant qu'on sût en faire. On ne comprend pas assez quels admirables perfectionnements industriels il a fallu effectuer pour arriver à des appareils qui sont de plus en plus des colosses mouvants, relativement à ce qui les avait précédés.

De nouveaux outils ont dû être employés à travailler la fonte et le fer, à leur donner malgré leur grandeur et leur poids, des formes aussi exactes que celles de l'horlogerie. Et ce qu'il y a de remarquable, c'est que ce sont ceux qui servaient à travailler à la loupe les petites pièces des horloges qui, devenus gigantesques, alèsent les cylindres, tournent d'énormes arbres et taillent les métaux comme du bois ; mais il leur faut pour agir des machines puissantes au lieu du léger archet.

Une sorte d'analogie de grandeur, fit donner le nom de *corvette*, puis de *frégate*, à nos premiers navires à roues, bien qu'il y eût les différences les plus marquées entre ces navires, tant pour la manière de se mouvoir, que par la disposition et le nombre de leurs canons.

La différence des moteurs fit changer les proportions admises entre la longueur et la largeur et, au lieu de 3 ½ à 3 3 ¼ de cette dernière, adoptée pour les navires à voiles, on donna six fois d'abord, puis sept, huit et même dix fois la largeur, lorsque la construction en fer permit, par sa solidité exceptionnelle, de construire des tubes pointus, qui ont atteint une longueur de

220 m. à bord du *Great Eastern*. Dans le principe, l'ancien usage d'avoir de grosses extrémités fut conservé et l'avant élancé buta sur les vagues, dès qu'au moyen du propulseur on voulut les couper d'équerre, au lieu de le faire sous un angle aigu, comme on était forcé de s'y résigner avec les voiles orientées au plus près. Ces navires furent chargés des lourdes machines à balancier de leur époque et des grosses chaudières à galeries de courant de flamme. Leur cheval de vapeur pesait jusqu'à 1,200 kilogrammètres et même plus.

Mais marcher de calme et même contre un vent un peu fort, était un très beau résultat à l'époque où le navire à voiles restait en place, ou faisait de longs parcours en zig-zag pour s'élever au vent, comme sur une route en rampe qui sert à gravir une montagne. Leur puissance énorme, par rapport à celle de la chiourme des galères, et de plus infatigable, faisait naturellement espérer qu'ils pourraient jouer un rôle militaire, au moins en remorquant des vaisseaux contre d'autres vaisseaux ; car de tels navires ne pouvaient guère songer à attaquer ceux à voiles de leur temps, en ce qu'ils présentaient presque les mêmes inconvénients que les galères, puisque leur moteur occupait toute la partie centrale et reléguait l'artillerie aux extrémités. Il est vrai qu'il occupait beaucoup moins de place et surtout qu'il était plus puissant, car les 450 chevaux de ce temps-là valaient bien au moins 4500 hommes, et le propulseur n'exigeait pas des navires à beaucoup près aussi bas que les rames. Ils eussent coulé toutes les galères en leur courant sus : mais il n'y avait plus de galères et les vaisseaux étaient devenus des forteresses.

D'un autre côté, s'il fallait, pour ainsi dire, tuer les hommes de la chiourme un à un pour réduire une galère à l'immobilité, il suffisait qu'un boulet perçât la chaudière ou faussât une pièce de la mécanique, pour les réduire à l'inaction avec de petites voiles et des aubes traînant dans l'eau.

On avait rêvé de protéger la machine par le charbon des soutes ; mais le combustible tombe à mesure qu'on le brûle et découvre les surfaces vulnérables. Aussi, et bien qu'aucun fait militaire l'ait prouvé, on peut établir que, contre la perfection des vaisseaux, ces navires auraient joué un rôle très mesquin, si ce n'est comme remorqueurs ou transports de troupes protégés par d'autres vaisseaux. Ce n'étaient à bien dire que de lourdes galères avec un moteur plus puissant et surtout infatigable relativement à l'homme aggloméré.

On leur avait cependant mis des canons et, dans le principe, c'étaient 4 obusiers de 30 en batterie et 12 canons du même calibre sur le pont. En 1860, ce furent 10 canons de 30 n° 1 en batterie, 4 obusiers de 22 cent. et 2 canons de 30 n° 1. On installa aussi des canons à pivot sur leurs extrémités. Les dimensions sont portées sur le tableau : les roues à aubes avaient 9 m. 13 de diamètre, de calme, elles faisaient majestueusement 16 tours par minute. L'adoption, en 1853, de chaudières tubulaires de 100 cent. de mercure de pression améliora un peu la marche, relativement aux 16 ou 20 cent. de pression, des énormes chaudières à carneaux, qui donnaient avec leur eau un poids de plus de 1 200 kil. par cheval. On n'a eu que le *Vauban* et un autre navire dont la machine fût plus forte, mais elle était encore plus lourde.

Pl. 31. – L'Orénoque

Transatlantique de 450 chevaux, destiné au service, construit d'après les plans de M. Pironneau, ingénieur de la marine, commencé en juillet 1841, mis à l'eau le 10 août 1843 et armé en 1844 à cause de l'usage de monter les machines à flot.

30 - **Le Gamer.** *Vapeur à roues - 1840.*

Ce genre de navire était la reproduction du précédent, à cela près qu'il ne devait pas porter de gros canons, aussi sa construction était plus légère.

Il fut construit, ainsi que plusieurs autres, sur l'idée de fonder une Compagnie transatlantique qui n'exista que plus tard, et pendant quelques mois, après lesquels ces navires revinrent à l'État et servirent de transports jusqu'à l'adoption générale de l'hélice. Leurs majestueuses machines avec leurs bâtis en ogive, marchaient avec une sécurité due à leur poids exagéré, ainsi qu'à leur lenteur, beaucoup plus qu'à un bon ajustage des pièces ; aussi ont-elles eu de longs services sans avaries, on peut dire qu'elles demandaient très peu de service aux métaux qui les composaient, mais elles ne pouvaient soutenir la comparaison, avec celles rapides et légères, construites pour entraîner l'hélice, qui les ont avantageusement remplacées. Leur poids et leur volume exagérés firent même adopter pour les roues, divers systèmes, notamment les cylindres oscillants et les machines dites en clocher ou à bielles en retour, qui mises à plat, sont devenues celles les plus usitées pour mouvoir directement l'hélice.

Pour éviter d'avoir à démonter les aubes, afin de pouvoir marcher à la voile, on eut l'idée, à bord de *l'Orénoque*, de distribuer de l'air dans les cylindres. Pour cela les feux des trois corps de chaudières allumés ont été poussés au fond des grilles, les soupapes d'arrêt de ces chaudières ont été fermées pour les séparer de la machine ; au contraire, celle de la chaudière éteinte a été ouverte pour donner un accès libre à l'air jusqu'aux tiroirs. D'autre part, les trous d'hommes de deux condenseurs ont été ouverts et le tiroir a été de ce côté en communication libre avec l'atmosphère comme du côté de la chaudière. Alors les excentriques ont été enclenchés comme si on avait marché régulièrement à la vapeur et le navire a fait servir ses voiles. Celles-ci en faisant marcher le navire, ont établi un courant le long du bord, lequel agissant sur le long levier des aubes des roues a fait tourner la machine, qui ne trouvant d'autre obstacle que son frottement, distribuait de l'air de manière à ne pas gêner le mouvement de ses pistons.

Avec belle brise et toutes ses voiles, le navire marchait ainsi sans retard sensible et, lorsque le calme a diminué sa vitesse, ses roues se sont arrêtées à 3 nœuds, comme l'hélice lorsqu'elle est rendue libre par une séparation complète de la machine.

Il avait été proposé pendant la guerre de Crimée d'accoupler un 450 à un vaisseau et, en se rendant les services mutuels de l'aveugle et du paralytique, ils auraient fait des traversées assez rapides et surtout moins incertaines que les navires à voiles arrêtés à chaque détroit. Le vapeur prenant son rôle de remorqueur sans perdre de temps, quand il aurait fait calme ou vent debout et le vaisseau l'entraînant facilement par sa masse et sa vaste voilure, lorsque le vent eût été favorable.

Pl. 32. – L'Archimède

Corvette à vapeur de 220 chevaux, a été mise à l'eau en 1841 et armée aussitôt. Ce n'était qu'un diminutif du *Gomer*. Son dessin montre une installation venue d'Angleterre, celle des canots tambours, sorte de chalands arrondis construits en tôle et placés à l'envers sur les tambours au-dessus des roues. Ces canots peints en blanc sur le dessin, pouvaient être basculés et mis à l'eau avec des arcs-boutants en fer et ils devaient servir ainsi à transporter des troupes, du charbon ou des objets d'équipement entre la terre et le navire.

L'Archimède a été le premier navire à vapeur que la France ait envoyé en Chine en 1844. Il n'avait alors été précédé que par quelques navires anglais qui avaient été

31 - **L'Orénoque**. *Transatlantique - 1843.*

32 - **L'Archimède**. *Corvette à vapeur - 1841.*

*33 - **Le Sphinx**. Corvette à vapeur - 1829.*

34 - **Le Castor.** *Corvette à vapeur - 1830.*

envoyés à Calcutta pour établir plus tard un service régulier entre cette capitale de l'Inde anglaise et Suez, où des voitures à deux roues firent au milieu des pierres de l'isthme un trajet régulier avec Alexandrie et les paquebots anglais. *L'Archimède* n'ayant pas de dépôts de charbon aux lieux qu'il devait hanter, fut obligé d'économiser son combustible d'une manière exceptionnelle et très instructive pour son époque. Il ne put faire du charbon qu'à Gorée, au Cap, à Madras et à Singapore , mais il en trouva en Chine. Aussi ses voiles, relativement petites, furent employées et, en fin de compte, il fit des trajets d'une durée à peu près égale à ceux des navires à voiles, parce que s'il marchait moins avec ses voiles, il franchissait les calmes qui retenaient les autres. Nous sommes bien loin de ces premiers essais ; il y a du charbon presque partout en temps de paix et surtout on marche avec une vitesse inconnue pendant de longues années.

Pl. 33. – *Le Sphinx*

Corvette à vapeur de 460 chevaux, mise à l'eau en 1829. Ce fut notre premier bateau à vapeur qui marcha réellement, grâce à sa machine achetée là où l'on savait déjà les faire, chez M. W. Fawcett, à Liverpool. Il rendit de très grands services en 1830 pendant l'expédition d'Alger et ce fut lui qu'on chargea de remorquer jusqu'au Nil, puis de ramener au Havre le bateau plat destiné à porter jusqu'à Paris l'obélisque de Louqsor qui figure sur la place de la Concorde. Il avait été construit par M. Hubert, qui pour lui donner un pont plus vaste, ainsi que plus tard à ses navires de 220 chevaux, évasa outre mesure les extrémités, afin de loger les roues au milieu contre une partie rentrante de muraille conservée plate et verticale, d'où résultait, qu'indépendamment des tambours, le pont avait la forme d'un violon. On adopta naturellement pour ces navires la mâture de goélette qui, pour de grandes voiles présente très peu de surface au vent contraire, et on n'eut de voiles carrées qu'à l'avant pour profiter des vents largues ou de celui de l'arrière. Le dessin montre assez clairement cette disposition pour qu'il soit inutile d'en donner des détails ; c'est toujours le système le mieux assorti à l'emploi de la vapeur, puisqu'il présente moins de surface au vent.

Il a suffi à *l'Archimède* pour être le premier vapeur français qui soit allé en Chine et à un autre semblable au *Sphinx*, qui est allé à Tahiti. Mais combien de temps ils sont restés en route relativement à ce qu'auraient fait leurs successeurs à hélice.

Pl. 34. – *Le Castor*

Mis à l'eau en 1830, c'était un navire semblable au précédent à cela près qu'il n'avait qu'une machine dite de 120 chevaux qui en développait à peine 100, à cause de l'obstacle qui diminuait sa rotation, aussi ce navire marchait très mal ; il a cependant rendu de bons services pour son époque en se servant beaucoup des voiles, quoique celles-ci soient aussi mal assorties à l'action des roues qu'elles le sont bien à celle de l'hélice.

Cela vient de ce que l'inclinaison du navire produite par les voiles émerge la roue du vent, qui tourne presque dans l'air, tandis que celle plongée de sous le vent, plongée outre mesure , perd beaucoup de force à faire immerger et émerger des aubes dans une position presque horizontale et par suite inutile à la poussée en avant. C'est au point que parfois, la roue ne développait pas autant de chemin que le navire. L'hélice au contraire profite des voiles qui l'aident à changer d'eau pour trouver appui sur un liquide qui n'a pas encore cédé à l'impulsion des ailes.

35 - **Le Napoléon**. *Vapeur à hélice - 1842.*

Navires à hélice

Le propulseur sous-marin a été l'objet de nombreuses inventions avant de pouvoir être réellement employé chez nous. Sauvage, en 1832, fit des expériences, Smith en 1836 établit en Angleterre une compagnie pour ce genre de propulsion et fit construire *l'Archimède*, qui en faisant le tour de l'île britannique, décida la question, au point qu'en 1841, l'hélice fut adoptée pour le plus grand navire de l'époque, le *Great Britain* construit en fer. Depuis lors l'amiral Bourgeois a fait des expériences, M. Taurines après avoir fait les premières sur des modèles, a inventé deux dynamomètres remarquables, l'un pour mesurer l'effort de torsion, l'autre celui de poussée, de manière à établir exactement les proportions suivant la force de la machine et la résistance du navire.

Après bien des inventions d'ailes tordues, arrondies, pointues, cannelées, au nombre de deux, de trois, de quatre ou de six, on s'est arrêté à des ailes de moulin à vent en métal peu larges, pour ne pas agir trop longtemps sur une eau déjà repoussée, et dont la courbure donnant le pas de la spirale est d'autant plus allongée que le navire résiste moins et change plus d'eau par une marche rapide.

On a vu au sujet du vaisseau le *Napoléon*, pl. 5, combien l'hélice offre de ressources pour la manœuvre ; elle a en outre des propriétés spéciales, elle ne ralentit que très peu son mouvement quand le navire est arrêté par un obstacle, alors elle use inutilement de la force il est vrai, mais elle agit plus énergiquement que les roues avec leur long bras de levier. Sa position sous-marine la soustrait au choc des vagues, mais la rapidité de sa rotation a exigé de multiplier la vitesse par des engrenages, tant qu'on n'a pas su faire et conduire des machines à marche rapide et dès lors aussi légères pour leur force, que celles des roues ou des engrenages étaient restées lourdes.

Le fonctionnement de celles-ci exige une immersion déterminée, et elles sont dans de mauvaises conditions, si le navire est trop chargé au départ et trop léger en brûlant son charbon. Il est résulté, des avantages et des inconvénients des deux propulseurs, que les roues sont totalement abandonnées, tandis que l'hélice entraîne les navires les plus lourds comme les plus petits canots ; enfin on a vu que son action était aussi bien assortie à l'usage des voiles que celle des roues à aubes l'était peu.

Le *Great Eastern* avait réuni les deux propulseurs, parce que sa masse eût trop résisté à un seul, et si d'un côté il en était résulté une complication et un encombrement dans le navire, de l'autre les deux propulseurs se seraient entraidés. Ils auraient permis de manœuvrer le géant de 220 m. de long, avec une grande facilité, en ce que les roues peuvent opposer un obstacle à l'hélice dans toutes les directions, tandis que les voiles ne le font guère que dans une seule. Elles donnent à l'hélice

36 - **Le Comte d'Eu.** *Vapeur à hélice - 1848.*

une puissance considérable pour faire tourner le navire sur place, ou même en reculant lentement, par une sorte d'effet de ventilateur, jetant un courant violent sur le gouvernail, tandis que l'obstacle des roues empêche la production de ce courant d'être une cause de déplacement du navire.

Le *Great Eastern* est peut-être venu trop tôt ; quand il fut construit pour aller directement près de l'antipode, les chemins de fer et les télégraphes électriques ne permettaient pas encore de concentrer assez de marchandises pour remplir de grands navires, mais l'idée de M. Brunel était juste : les navires à vapeur doivent être d'autant plus grands, qu'ils sont destinés à aller plus loin et plus vite, et cela parce que ces navires résistent à l'impulsion en raison de leurs dimensions linéaires, beaucoup plus que proportionnellement à leur maîtresse section, qui représente la quantité d'eau déplacée par la marche. D'où il résulte qu'à vitesse égale un navire de dimension double n'exige guère qu'une machine double brûlant le double de charbon, tandis qu'il peut porter huit fois autant.

La facilité des transports par terre et leur rapidité fera se rapprocher de plus en plus du *Great Eastern*, et les nouvelles constructions des grandes Compagnies sont dans cette voie, mais la perfection des machines ne rendra plus utile le partage de la force sur deux propulseurs.

Si pour les navires à voiles il a été utile de commencer par les plus importants à cause de leurs analogies générales, et si pour ceux à roues il en a été de même à cause de leur peu de différence, il convient probablement au sujet de l'hélice de commencer par ceux qui ont réussi en France, quelle que soit leur dimension et de suivre après cela les modifications si importantes que ce propulseur a occasionnées dans la construction des navires comme des machines.

Pl. 35. – *Le Napoléon*

Il a été mis à l'eau en novembre 1842, sous ce premier nom et nommé le Corse après la révolution de 1848. Ce charmant navire a été construit au Havre par M. Normand, connu par la perfection et la marche de ses navires en bois et il fut un succès pour son époque. Il fut exécuté pour le service de l'administration des Postes et réuni plus tard à la marine. La machine due à l'ingénieur anglais M. Barnes, était à engrenages agissant sur un pignon et formée de deux cylindres oscillants, elle fonctionna bien ; quant au navire, il restera toujours un charmant modèle. M. Normand lui donna des lignes d'eau très effilées et au lieu d'évaser l'avant, il le rendit presqu'aussi aigu que la flottaison, comme M. Vence à la Ciotat en 1836 pour le navire à roues *le Phocéen*.

Le *Napoléon* marchait aussi bien à la voile qu'à la vapeur et il était aussi le navire le mieux assorti à des voyages lointains, sa construction en bois était exécutée avec la perfection que M. Normand mettait à toutes ses œuvres. Voici quelles étaient ses dimensions : longueur à la flottaison, 4 m. 90 ; largeur au fort, 2 m. 52 ; rapport, 1 à 5 m. 3 ; tirant d'eau avant, 2 m. 25, arrière, 3 m. 58 ; diff. 1,33 ; déplacement en charge, 506 tonn. ; lège 216 m. ; l'armement a été en dernier lieu de deux canons rayés de 12 c./m. Son hélice a subi beaucoup de modifications, à cause de sa nouveauté, elle a été enfin à quatre ailes déployées. La surface de voilure était 727 m. Ce petit navire avait une belle marche pour son époque et surtout d'excellentes qualités nautiques à la mer.

Pl. 36. – *Le Comte d'Eu*

Mis à l'eau sous ce nom le 20 décembre 1846, il fut nommé Patriote en 1848, puis Reine Hortense en 1853 et Cassard en

37 - **Le Renard.** *Aviso à vapeur - 1846.*

1867. Il présentait beaucoup d'analogies avec le *Napoléon* de la Poste, en ce qu'il sortait du même chantier et il fut une de nos premières constructions en fer, opérée par M. Normand en transformant son chantier. Pendant ses expériences de recette, il eut 14 hommes de tués par un déchirement de chaudière dû à une surcharge illégale des soupapes de sûreté. Sa machine a quatre cylindres oscillants, placés horizontalement et en l'air pour agir sur un engrenage, n'a presque pas servi et a été mise à terre pour être remplacée.

Plus grand que le *Napoléon*, le *Cassard* était aussi élégant de formes et lui ressemblait beaucoup. Voici ses dimensions principales : longueur de quille 56 m. 30 ; id. à la flottaison 62 m. ; largeur 10 m. 80 ; rapport 1 à 5.7 ; profondeur de carène 4 m. 10 ; tirant d'eau arrière 4 m. 80, avant 3 m. 75 ; différence 1 m.15 ; déplacement en charge 1 070 tonn. Ce navire n'a été employé que comme yacht ; il est actuellement aux ordres du gouverneur de l'Algérie ; ses installations intérieures étaient assez élégantes sans approcher cependant du luxe de celles des paquebots.

Pl. 37. – *Le Renard*

Aviso mis à l'eau le 20 décembre 1846. — Ce navire si singulier par sa forme allongée sous l'eau de son avant, a été inventé par M. Béleguic, capitaine de frégate, déjà auteur de la méthode de prendre les ris, qui a généralement remplacé celle si ancienne de le faire avec des garcettes. Il fut construit à Bordeaux par M. Armand d'après une méthode dite de construction mixte, adoptée dès lors par cet ingénieur et consistant à employer le fer en cornières ou en tôle pour toutes les pièces de charpente, telles que la carlingue, les baux, les varangues et toute la membrure, sur laquelle le bordé était fixé par en dedans et recouvert d'une autre couche tenue par des clous de cuivre, pour que les feuilles de doublage ne soient pas en contact du fer de la membrure et ne la ronge point par l'effet galvanique. Ce système a eu un temps de succès jusqu'à l'adoption générale des coques en fer.

La particularité du *Renard* consiste en un long prolongement de l'avant sous l'eau et cette partie est pleine sur une longueur de 3 m. ; mais elle n'est pas assez solide pour servir d'éperon contre un navire. Il en est résulté un avantage peu prévu, c'est que le *Renard* suit le mouvement des vagues lorsqu'il marche contre elles et qu'au lieu d'être couvert par de gros paquets de mer et de se trop élever pour retomber violemment, il ne reçoit qu'une sorte de poussière. Cette qualité a été confirmée par les capitaines, et l'eau embarquée vent debout n'a jamais été un obstacle à la marche comme sur beaucoup de navires.

Les émersions de l'hélice, éprouvées à bord de tous les bâtiments munis de cette sorte de propulseur, ont seules forcé parfois de ralentir la machine. Depuis le *Renard*, cette forme d'avant a été adoptée pour plusieurs avisos et l'éperon devant servir d'arme aux cuirassés, en est une imitation restreinte. Les avantages comme les embarras de cette forme sont peut-être en raison de la longueur de la saillie. Par contre le *Renard* a eu des mouvements de roulis très durs à cause de la saillie exagérée de ses côtés au-dessus de l'eau. Voici ses dimensions : longueur à la flottaison 68 m. 71 ; id. de quille 68 m. 10 ; longueur à la ligne du pont 60 m. 65 ; largeur à la flottaison 7 m. 80 ; id. au fort au-dessus de l'eau 8 m. 40 ; profondeur de carène 2 m. 60 ; creux 4 m. 32 ; tirant d'eau arrière 3 m. 66, avant 2 m. 46 ; différence 1 m. 20. ; déplacement 813 tonneaux ; surface de voilure 502 m^2 ; vitesse 11, 6 nœuds pour 98 tours d'une hélice à deux ailes de 3 m. 05 de diamètre et de 4 m. à 4 m. 80 de pas ; la fraction de pas est 0,12.

38 - **La Gloire**. *Premier cuirassé rapide - 1858.*

Navires cuirassés

Pl. 38. – *La Gloire*

Frégate cuirassée de 900 chevaux nominaux, commencée en mai 1858, mise à l'eau en novembre 1859. — Cette construction si nouvelle est due à l'initiative de M. Dupuy de Lôme, qui a dressé les plans et exécuté la construction. Elle devenait presqu'une nécessité depuis l'invention des canons du général Paixhans considérés comme tellement redoutables contre les navires en bois, qu'il était dès lors admis que peu d'obus devaient détruire ou incendier le plus fort vaisseau.

Aussi l'amiral La Brousse, alors lieutenant de vaisseau, avait proposé en 1845, à l'occasion d'expériences sur la pénétration des boulets dans le charbon des soutes, de couvrir les navires de plusieurs couches de tôles fortes. Des expériences prouvèrent qu'il en fallait dix d'un centimètre, établies sur un massif de bois assez épais, pour arrêter le boulet de 30, alors en usage, avec une charge égale au tiers de son poids.

Il proposa en même temps de se servir de la masse du navire et de la vitesse inconnue jusqu'alors que lui imprimait la machine, pour détruire les ennemis par le choc d'un nouveau genre de bélier, incomparablement plus puissant que le rostre des anciens. Il en dressa un plan qui, bien que paraissant singulier, serait exécutable, mais n'exigerait probablement pas les précautions indiquées pour consolider sa charpente. De plus son bélier se trouvait rendu invulnérable de toutes parts par une forte cuirasse.

Jusqu'à l'affaire de Lissa, où un navire en bois parvint à couler un cuirassé, l'éperon est resté dans le doute, mais depuis on l'a établi à l'avant de la plupart des navires cuirassés, en lui donnant différentes formes, depuis l'avant droit et en couteau de la *Gloire*, jusqu'à la longue pointe sous-marine, que nous avons vue avoir révélé des qualités à la mer.

Les Russes ont fait des sortes de joutes avec des petits navires garantis par des matières élastiques assez épaisses et ils en ont tracé les mouvements. Bien que ces exercices fussent simplement entre deux navires isolés, ils montrent qu'il faut de l'adresse et du temps pour éperonner un ennemi, ou ne pas l'être soi-même. Toutefois on doit admettre que c'est une arme qui deviendra redoutable entre les mains d'un capitaine manœuvrier et audacieux et que l'affaire de Lissa porte à croire qu'elle sera moins dangereuse pour l'abordeur lui-même, ou pour ses chaudières, qu'on l'avait cru dans le principe.

Quant aux cuirasses, les premières expériences furent oubliées jusqu'à l'ouverture de la guerre de Crimée, alors qu'une escadre russe détruisit la flotte ottomane avec une rapidité, qui prouvait la puissance terrible des nouvelles armes. Aussi songea-t-on aussitôt à revêtir des navires avec des plaques de fer, pour se

39 - **Le Magenta**. *Premier vaisseau cuirassé - 1861.*

mesurer avec des forts contre lesquels les vaisseaux en bois ne pouvaient se présenter sans imprudence. On reprit les anciens essais, et comme le but principal était l'attaque d'une forteresse entourée de bas-fonds, on résolut le problème assez délicat de charger de fer et de canons des navires enfonçant très peu dans l'eau.

L'empereur Napoléon III fit construire par M. Guyesse, ingénieur de la marine, trois batteries flottantes de 38 m. de long sur 13 m. 04 de largeur hors blindage qui n'enfonçaient dans l'eau que 2 m. 60. Elles reçurent des machines à haute pression de 375 chevaux de 75 kilogr. qui n'imprimèrent par leur hélice qu'une vitesse de 2,5 nœuds ou 4 kilom. 6 à l'heure. Elles gouvernaient très mal et la saison pour la mer du Nord étant trop avancée, elles furent remorquées à Sébastopol après la prise de Malakoff et puis conduites à Kil-Bouroun. Ces tortues flottantes débarrassées de leurs mâts, et plus redoutables que celles formées par les soldats romains avec leurs boucliers, s'avancèrent lentement vers le fort de Kil-Bouroun sans s'inquiéter de ses coups et quand elles ouvrirent le feu de leurs canons de 50, elles le réduisirent bientôt au silence. Les boulets ennemis n'y firent que des empreintes et ne pénétrèrent nulle part. Ce fait décida la question et il est assez remarquable pour conserver les noms qui s'y rattachent : c'étaient la *Dévastation*, capitaines de Montaignac, la *Lave*, Cornulier Lucinière et la *Tonnante*, Dupré.

Une nouvelle ère fut ainsi ouverte par des navires construits pour un but spécial et tout à fait impropres à la navigation. Il est à remarquer que ces batteries furent blindées avec des plaques de fer forgé, en une pièce de dix centimètres d'épaisseur, au lieu de dix feuilles d'un centimètre des premières expériences, lesquelles présentaient vingt plans de rouille, au lieu de deux comme les masses de fer que les forges modernes savent produire même en faisant l'extérieur en acier.

M. Dupuy saisit ce nouveau fait et, prenant encore les devants, il utilisa son Napoléon, en lui retranchant tout ce qu'il avait de superflu pour le nouveau but, et trouva ainsi à le garnir de plaques de 0 m. 12 à la flottaison et de 0 m. 10 jusqu'au pont, tout en conservant la machine et la vitesse de son premier vaisseau. Il produisit ainsi la *Gloire*, dont les résultats furent assez satisfaisants pour construire plusieurs nouvelles frégates semblables, et M. Audenet en fit une dont la coque était en fer, au lieu d'être en bois et périssable en peu d'années comme les autres.

La *Gloire* fut d'abord niée à l'étranger, mais il fallut reconnaître les faits, qui donnaient une grande puissance à notre marine, car l'invulnérabilité admise, le navire ne craint même plus son semblable et par sa rapidité, qu'on ne surpassait pas alors, il pouvait tout oser contre le commerce et même contre la terre. Ces nouveaux navires étaient sur mer de puissants carnassiers, se redoutant assez pour reconnaître l'inutilité de s'entre attaquer, mais ils auraient tout pu détruire. Cette nouvelle force était trop redoutable pour qu'on ne cherchât pas à l'amoindrir ; aussi le peuple le plus intéressé inventa des canons de plus en plus formidables, qui réduisirent l'invulnérabilité en question et entraînèrent à des augmentations d'épaisseur de fer ruineuses et d'un effet douteux, sous d'autres rapports. C'est la série de ces tentatives d'augmenter la défense contre des moyens d'attaque toujours plus puissants que les planches suivantes permettent d'apprécier.

Pl. 39. – Le Magenta

Cuirassé à 2 batteries dans un réduit central, construit d'après les plans et devis de M. Dupuy de Lôme, mis à l'eau en juin

40 - **Le Richelieu.** *Grand cuirassé rapide à tourelles - 1868.*

41 - ***Le Richelieu.*** *Grand cuirassé rapide à tourelles - 1868.*

*42 - **L'Océan**. Frégate cuirassée à tourelles - 1685.*

43 - ***La Thetis.*** *Corvette cuirassée - 1865.*

*44 - **Le Tourville.** Croiseur de première classe - 1874.*

1861. — On voulut augmenter la force de la *Gloire* et avoir 2 batteries superposées ; mais en accroissant ainsi le poids du navire on serait arrivé à dépasser un tirant d'eau déjà exagéré. On borna donc la longueur des batteries, à un réduit central, qui a été imité pour des navires à une seule batterie, à mesure que la force des canons et par suite l'épaisseur des cuirasses, augmentaient le poids. On est venu ainsi à n'avoir que 2 canons de chaque bord en batterie sur des navires d'une grandeur et d'un prix exagérés. Les plus gros canons furent placés sur le pont dans des tourelles fixes, et on eut les combinaisons les plus variées. Le *Solférino* a été construit sur le même modèle que le *Magenta*.

Pl. 40 et 41. – Le Richelieu

Grand cuirassé construit d'après les plans et devis de MM. Dupuy de Lôme et Berrier. Commencé le 1er décembre 1868, mis à l'eau le 3 décembre 1873 et armé le 11 février 1876. — Ce puissant navire a été représenté par M. Poux en trois positions différentes, afin de le faire mieux apprécier.

Il a été construit pour satisfaire à la puissance toujours croissante des canons modernes et de la surépaisseur des cuirasses qui est la conséquence de cette sorte de lutte entre l'attaque et la défense, entre le projectile et la cuirasse. Sa machine dite de 1 000 chevaux en a produit 4 400. Le corps du navire est en bois, ainsi que le réduit contenant les canons, dont la partie en travers est également à l'abri du boulet, ainsi que toute la flottaison au-dessous du pont et à 1 m. 50 sous l'eau.

Pour éviter les risques d'incendie des parties extrêmes qui complètent le navire, on les a faites en fer, leur membrure s'appuyant par des sortes de savates sur le haut de la construction en bois, à laquelle on l'a boulonnée. Le déplacement est de 8791 tonneaux, deux anciens trois ponts, longueur du navire, depuis le pont de la batterie jusqu'à 2 m. sous l'eau.

En 1870, le réduit contenait en batterie 2 canons de chaque bord de 27 c/m et il portait sur ses angles quatre tourelles fixes et ouvertes à l'air, contenant chacune 1 canon de 24 c/m, dont le tir supérieur était très dégagé. La longueur de l'*Océan* est 78 m. 60, son déplacement 5,042 tonneaux, et sa vitesse aux essais 13,70 nœuds ou 25 kilom. L'*Océan* est peint en blanc pour diminuer la chaleur dans les parties habitées qui sont en fer, comme à bord du *Magenta*, tandis que le réduit et la carène sont en bois, ce qui a permis de cuivrer les parties immergées.

Pl. 43. – La Thétis

Cuirassé de 2e rang à fort central et à éperon, construit à Toulon d'après les plans de M. Dupuy de Lôme, commencé le 20 juillet 1865, mis à l'eau le 22 août 1867 et armé le 14 juillet 1869. — La disposition de ce navire est semblable à celle du précédent et l'une des meilleures lorsque le poids de la cuirasse et celui des canons force à réduire le nombre de ces derniers.

L'armement primitif était 2 canons rayés de 19 c/m dans les tourelles, 4 de 19 c/m en batterie et 4 de 12 c/m ½ sur les gaillards ; en 1872 on ajouta 2 canons de 19 c/m, mais en 1873 on revint à l'armement primitif. La longueur est 68 m., la largeur 14 m. 13 et le déplacement 5,1536 tonneaux. La *Victorieuse* est un navire du même genre. On remarque sur ces navires un luxe de canots et d'installations de cabanes en l'air et de plates-formes, qui contraste avec la nudité des Monitors.

Pl. 44. – Le Tourville

Croiseur de 1re classe construit à la Seyne, d'après les plans de M. Lebelin de Dionne,

45 - **Le Nauset.** *Monitor américain - 1860.*

et l'exposant de charge, c'est-à-dire le poids de l'armement et des approvisionnements 2991, un peu plus de celui d'un seul trois ponts, suite naturelle du poids de la cuirasse et de la machine ; son tirant d'eau de charge est de 8 m. 80 à l'arrière, 7 m. 65 à l'avant et la différence 1 m. 15. L'armement est de 21 canons distribués d'une manière irrégulière ; 6 de 27 c/m sont dans le réduit blindé (3 de chaque bord), 4 de 24 c/m sont dans les quatre tours blindées fixes qui surmontent le milieu du pont et sont à ciel ouvert ; 1 de 24 c/m est placé en avant sur ce qu'on nomme maintenant la *teuque* et 10 de 12 c/m arment les côtés du gaillard.

Depuis les torpilles Whitehead on a mis sur le pont de petits canons revolvers. Le *Richelieu* a deux hélices placées latéralement en porte-à-faux et dont l'arbre est soutenu par un support triangulaire ; elles tournent en sens inverse, celle de tribord ayant un pas à droite et celle de bâbord à gauche ; elles ont quatre ailes, de 4 m. 604 de diamètre et 5 m. 25 de pas ; la vitesse aux essais a été 13,22 nœuds ou 24 kilom. 45.

L'*Amiral Duperré*, cuirassé de la même importance, présente plusieurs différences, malheureusement la mort a frappé M. Roux au moment où il allait le dessiner.

Pl. 42. – *L'Océan*

Frégate cuirassée à tourelles, construite à Brest d'après les plans et devis de M. Dupuy de Lôme, commencée le 18 avril 1865, mise à l'eau le 15 octobre 1868 et armée en juillet 1870. — Le poids croissant des cuirasses ne permettant plus de garnir tout le navire de plaques de fer épaisses, on a dû adopter les nouvelles dispositions dont il vient d'être question, que des canons toujours plus lourds nécessitaient aussi. L'*Océan* a donc un réduit central blindé de toutes parts, ainsi que toute la *ingénieur de la marine. Commencé le 22 février 1874, mis à l'eau le 24 février 1876.* — La machine a été construite dans les ateliers des Forges et Chantiers, comme le corps du navire. La vitesse aux essais s'est élevée jusqu'à 16,9 nœuds ou 33 kilom. 17.

L'impossibilité de charger de machines un navire pliant sous une lourde cuirasse a fait naître le type des croiseurs rapides, sûrs d'échapper au fort, comme d'atteindre le faible. On ne sait pas encore si le navire ingagnable ne vaut pas l'invulnérable dans les mains d'une nation qui a peu de commerce. Toutefois, depuis que la torpille a diminué les chances du premier, elle a peut-être augmenté celle du second, qui a au moins pour lui sa valeur beaucoup moindre.

Pour obtenir la vitesse nécessaire à ce nouveau programme, la construction en bois offrait peu de sécurité, puisque son manque de liaison l'exposait à être disloquée par des efforts si énergiques. D'un autre côté, celle en fer perd si promptement sa vitesse par les coquilles et les herbes, elle exige de si fréquents passages au bassin pour rendre le poli nécessaire à sa carène, ce qu'un navire de guerre ne peut effectuer au loin, que les deux grandes méthodes de construction n'ont paru convenir ni l'une ni l'autre à ces vitesses extrêmes. Cette composite à membrure en fer et bordé en bois n'a point paru devoir être adoptée non plus et l'on s'est décidé à faire une coque en fer, aussi complète que si elle devait être nue et chargée par conséquent de l'étanchéité et du salut du navire.

Puis par un procédé, expérimenté déjà en Angleterre, on l'a couverte de deux couches de bois sur l'extérieur desquelles le doublage en cuivre a été cloué. On espère réunir ainsi les qualités des deux constructions, solidité du fer et propreté de carène, d'où facilité de marche du

46 - **Le Mytha.** *Grand transport à hélice - 1873.*

cuivre. L'expérience prouvera quel est le degré de danger de deux métaux aussi ennemis, placés dans l'eau de mer et séparés par quelques centimètres de bois, dans de l'eau conductrice de l'électricité.

L'armement du *Tourville* est de 14 canons de 14 c/m en batterie, 7 de 19 c/m sur le pont, dont 3 de chaque bord dans des demi-tourelles et 1 sur le gaillard d'avant. La longueur de l'axe de l'étambot au taille-mer est 100 m. 2.

Les machines ont huit cylindres placés deux à deux, bout à bout, le plus petit en dehors, selon le système de Wolf ; elles donnent 72 tours et développent 7 200 chevaux. L'hélice placée devant le gouvernail est en porte-à-faux, elle a quatre ailes de 6 m. 85 de diamètre et 7 m. 52 de pas.

Pl. 45. – *Monitor Américain*

1860. — La série des portraits des navires à vapeur de guerre se trouve close par la représentation de l'invention la plus remarquable, après les cuirassés ; celle du navire à tourelles, dont l'idée première appartient au capitaine Coles, de la marine anglaise qui, en 1855, proposait un radeau à vapeur de 45 mètres de long, haut sur l'eau de seulement 0m 51, dont le canon était protégé par une calotte de fer ; en 1859, il proposait un grand navire portant neuf tourelles tournantes, portant deux gros canons chacune, mais c'était le lendemain d'une paix, et ce fut la guerre de la sécession d'Amérique qui fit résoudre le problème par le célèbre ingénieur suédois Ericsson.

Il produisit un bateau très plat, très ras sur l'eau, blindé sur les côtés ainsi que le pont, renfermant une ou deux machines, et marchant par l'impulsion d'une ou de deux hélices. Son premier navire, portant le nom pompeux de *Monitor*, fut aussi parfait que tous ceux qui lui ont succédé avec quelques modifications. Le navire étant très bas, l'équipage était séparé du reste de l'atmosphère, et ne respirait que par l'air injecté par deux ventilateurs, ce qui produisait une petite pression intérieure qui activait les feux. Pour que l'on pût vivre partout dans l'intérieur, deux gros tuyaux faisaient le tour du navire et portaient l'air dans ses diverses parties.

Les plus gros canons de l'époque furent placés parallèlement entre eux, dans la tourelle, et glissèrent sur des longrines, entre lesquelles plusieurs lames servaient de frein à frottement, pour limiter le recul. Le pointage en direction se faisait en imprimant, au moyen d'une petite machine, un mouvement de rotation à la tourelle, qui était supportée par un gros axe, reposant sur une crapaudine dans la cale.

En temps ordinaire, la tourelle descendait et s'appuyait sur les bords du trou pratiqué dans le pont, et pour la faire tourner, il fallait la soulever au moyen d'une clavette située sous le pied de son axe, et chassée par un lourd bélier à charnière. Une seconde tourelle d'un plus petit diamètre, surmontait la première et suivait son mouvement, elle était également blindée, contenait la roue du gouvernail et permettait au capitaine de voir à l'extérieur par des fentes en croix, dont la grande branche était horizontale.

Le premier combat de ce radeau creux et presque invisible, fut un succès éclatant de l'invention d'Ericsson, et, si les canons n'avaient pas atteint des poids aussi exagérés que les cuirasses qu'ils nécessitent, les tourelles mobiles auraient été employées pour obtenir encore plus d'invulnérabilité en conservant le champ de tir le plus étendu.

La fin funeste du *Monitor*, sur une rade où il ne pouvait y avoir que du clapotis, montra qu'on n'affronte pas en vain des proportions exagérées de volume extérieur relativement au poids du navire, lesquelles changent suivant les grandeurs et les circonstances de mer, mais peuvent causer un désastre, si elles sont méconnues.

Le *Monitor* étant très bas par sa nature, n'empêchait l'eau de l'envahir qu'en fermant toutes les issues ; l'oubli d'une ouverture causa sa perte ; ce fut, pour lui, la toile d'araignée du moucheron, qui venait de mettre le lion en rage.

On a dessiné un *Monitor* pour l'ajouter à cette collection ; on lui a fait tirer du canon, pour savoir comment il l'effectuait mais on l'a laissé isolé, parce que si un navire ordinaire avait été représenté près de lui, la tourelle flottante eût presque disparu par le contraste.

Un navire de cette sorte dépasse presque la limite inférieure de la peinture de marine, puisque ne pouvant naviguer que sur des eaux calmes, il ne permet point à l'imagination du peintre de couvrir sa toile de belles vagues plus ou moins vraies. Il y a eu des *Monitors* qui ont eu deux tourelles, et ils ont joué un rôle important dans les rivières, auxquelles ils conviennent mieux qu'aucun autre genre de navire. Cependant on leur a fait traverser l'Atlantique et l'un d'eux a été traîné jusqu'à San-Francisco.

Pl. 46. – *Le Mytho*

Transport à hélice pour le service de la Cochinchine, a été construit d'après les plans de M. Tazelles, ingénieur de la marine ; il a été commencé le 7 février 1873, mis à l'eau le 15 mars 1879, et armé le 3 mars 1880.

C'est un navire de 105 mètres de long construit en fer, ce qui a engagé à le peindre en blanc, pour éviter l'excès de chaleur à l'intérieur. Il est spécialement installé pour le transport des passagers de Cochinchine et surtout des dyssentériques, que cette colonie envoie en France, et pour lesquels on a disposé une sorte de cabane extérieure, plaquée au navire, pour contenir les lieux et verser dans la mer les déjections, qui contiennent un microbe auquel on attribue la propagation du mal.

La mâture du *Mytho* montre une disposition usitée il y a longtemps par les Hollandais, et employée depuis peu avec avantage par les navires à voiles rapides. C'est la séparation en deux parties des huniers, en ayant une vergue fixe sur l'avant du chouque. Nous en verrons une belle application à bord du clipper *Great-Republic*, pl. 47.

Bien que le *Mytho* ne soit pas un navire de guerre, il a paru convenable de le placer ici pour clore la liste des navires appartenant spécialement à l'État. Il a reçu à l'intérieur des dispositions spéciales de M. l'ingénieur Bertin, pour activer la ventilation et préserver des infections redoutables, dont l'effet est même persistant. Elles sont occasionnées par des agglomérations de malades pendant une traversée de la zone torride aussi longue qu'un retour de Cochinchine. La guerre de Crimée en avait donné de tristes preuves, quoique la traversée fût plus courte.

Navires à voiles du commerce

La classification et même l'ordre de description des navires du commerce, sont à peu près impossibles à établir d'une manière régulière, à cause de leur grande variété, ainsi que de la différence des nations qui les ont construits à des époques également variées. Faut-il classer ceux représentés par M. Roux, par ordre de nation ou du petit au grand ou, enfin, du grand au petit ?

Dans l'incertitude, ils seront classés comme sur les murs des longues galeries qu'ils garnissent au musée, et, c'est à peu près par ordre de grandeur, d'où il résulte, qu'ils commencent par ceux portant le pavillon américain.

Pl. 47. – *Great-Republic*

Clipper construit et armé à Boston par M. Mac-Kay, en 1853. — Les risques de la guerre, ou celles d'un commerce dangereux et parfois illicite, ont le plus contribué à perfectionner la marche des navires ; les corsaires, les négriers, plus tard les porteurs d'opium, ont été des navires remarquables par leur marche et leurs qualités, ainsi que les porteurs de thé ayant des primes pour une course, dont la longueur était la distance entre l'Europe et la Chine, par le Cap.

Enfin, les navires fournissant la Californie, et qui avaient des climats plus rigoureux à surmonter, tous ont été remarquables et ont grandi avec la longueur du trajet à parcourir. Ces derniers sont arrivés à des dimensions que les navires de guerre n'avaient jamais atteintes, et ils ont clos de la manière la plus brillante l'ère de la navigation à voiles, que la vapeur et le percement des isthmes a presque amenée à sa fin, pour ne plus jamais reparaître.

Il est donc intéressant de connaître la physionomie de ces navires remarquables, en commençant par le plus grand qui ait existé : 98m. 77, (les vaisseaux à trois ponts n'avaient que 63 mètres), la *Great-Republic* avait 14m. 96 de large, ce qui donnait un rapport à la longueur de 1 à 6,6 lequel était de date récente pour les navires à vapeur, et n'avait jamais été approché pour ceux à voiles.

Ce navire déployait 3 773 m^2 de toile, sans ses voiles d'étai, pour une maîtresse section immergée de 80m^2 04, c'est-à-dire un rapport de 1 à 46,9 tandis que nos navires de guerre n'ont que celui de 1 à 30 ou 1 à 39. Il avait dans l'origine quatre mâts comme sur le dessin, qui en montre parfaitement l'aspect et les proportions. Sa vitesse fut encore plus grande que celle d'autres navires de M. Mac-Kay qui ont fait les traversées de New-York à San-Francisco en 103 et même 92 jours, ayant eu pendant des journées entières des lochs de 14 nœuds, 26 kilom. à l'heure, et la traversée n'étant que de 89 jours.

Il est curieux d'ajouter quelques chiffres : ainsi 3 810 mètres cubes de pin dur, 2 056

47 - **La Great Republic.** *Clipper à voile - 1873.*

48 - ***La Queen of clippers.*** *Américain - 1882.*

49 - **L'Ocean Herald.** *Clipper américain - 1855.*

50 - **Le Race Horse**. *Clipper américain - 1850.*

51 - ***Le Charles Dupin**, du Havre.*

52 - **La Babiole.** *Corsaire - 1812.*

53 - **Le Thémistocle**. *Trois mâts à pible grec - 1823.*

54 - **Baleinier** *du Havre.*

55 - **Le Sir John Franklin.** *Paquebot à voile - 1840.*

tonnes de chêne blanc, 336 500 kilog. de fer, 5 600 kilog. de cuivre, y compris le doublage, 50 000 journées de travail et 14 668 mètres courants de toile, sont entrés dans sa construction.

La charpente est fortifiée d'un bout à l'autre par un lattage diagonal de fer, et les baux par de nombreuses courbes et des entretoises, quatre ponts continus lient le navire en travers comme en long et permettent une bonne distribution du chargement.

Tout l'équipage loge sur le pont dans un rouffle central. M. Mac-Kay a construit, en outre, le *Flying Cloud*, de 1 700 tonn. 89 jours de traversée, le *Flying fish*, 1600, 92 jours ; le *Sovereign of the Seas*, 2 400, 103 ; le *Black Eagle*, 107 ; l'*Empress of the Seas*, 112 et trois autres aussi remarquables.

La disposition des vergues sur leur mât montre que les huniers sont divisés en deux par une vergue, de sorte que pour la manœuvre des ris ou de serrer cette voile, on a l'abri de celle située en dessous et moins de la moitié de la toile à maîtriser ; ce qui est tellement avantageux que l'usage s'en est répandu même sur des transports à hélice.

À droite du grand dessin, une vue par-derrière montre le grand aigle dont les ailes couvrent l'arrière.

Pl. 48. – *Queen of Clipper*

De 2800 tx de jauge, construite en 1882, à New-York, se montre avec les huniers ordinaires, elle est orientée au plus près avec ses voiles d'étai.

Pl. 49. – *L'Ocean Herald*

Construit en 1855, long de 75 m. et large de 13 m. 72, rapport 1, à 5,15, a 2,135 ton. de jauge. Le dessin fait aussi bien apprécier la finesse de ses formes, qu'il montre celles de la *Great Republic Républic*. Les Américains ont su assortir la forme et la grandeur de leurs navires à la nature du trafic auquel ils sont destinés, et le porteur de coton est aussi gros que le clipper est fin.

L'*Ocean Herald* est représenté sortant du port de la Joliette remorqué par un bateau à vapeur, pendant qu'il commence à établir ses voiles. Ces grands navires sont peu convenables pour louvoyer, ils vont du quai d'un port à l'autre sans mouiller leur ancre, leur valeur et celle de la cargaison, rendent le temps plus précieux que les frais de remorquage.

Pl. 50. – *Race Horse*

De Boston, 1850, longueur 45 m., largeur 10 m. 06, creux 6 m. 10, jauge légale 514 tonneaux.

Le *Race-Horse* avait une belle marche, ses huniers doubles facilitaient la manœuvre, et permettaient de mieux profiter des vents inégaux et de ceux d'Ouest plus violents, qu'il fallait surmonter pour doubler le cap Horn, sa mâture était très solide, le diamètre des mâts d'hune égal de haut en bas permettait des raccages comme des barriques.

Pl. 51. – Le *Charles-Dupin*

Du Havre, navire très fin.

Pl. 52. – *La Babiole*

Corsaire, de 1812. — Armé de 14 petits canons et bordant 14 avirons, 280 tonneaux de jauge et construit à la Ciotat . Il a fait avec succès la course en 1812, grâce à une marche supérieure. Sa membrure était simple comme celle des canots et ses bordages très minces.

Pl.53. – Le Thémistocle

Navire grec de 1822. — Les Grecs ont toujours construit des navires d'une belle marche et souvent de formes élégantes. Ils les manœuvraient assez habilement pour vaincre les Turcs, qui cependant possédaient de bons navires de guerre achetés en Europe. Jusqu'à l'adoption de la vapeur, ils jouaient un rôle important dans la Méditerranée ; on en voyait beaucoup à Marseille avec leur costume élégant. Leurs navires sortaient généralement des chantiers des îles d'Ydra et d'Ipsara ; ils avaient toujours une mâture à juble, avec ou sans mât de perroquet à clef, et de grandes voiles en coton. Leur avant avait conservé la poulaine élancée des galères.

Leurs canons étaient de faible calibre. Le pavillon de celui représenté par M. Roux n'existe plus depuis longtemps, il avait une bande bleue entre deux rouges, et c'était celui que le Sultan avait donné à la Grèce lorsqu'elle était encore sous sa domination.

Pl. 54. – Navire Baleinier

Du Havre. — Il est représenté en panne, avec les huniers seuls pour moins changer de place et n'essayer aucune manœuvre pendant que l'équipage est en course. On voit la manière dont les embarcations spéciales, nommées baleinières, sont hissées sur les côtés et placées à l'envers au milieu.

Dans le lointain, une des embarcations cherche à harponner une baleine qui plonge. Cette pêche est l'une des guerres les plus hardies et les plus dangereuses que l'homme fasse aux animaux ; elle exigeait une adresse remarquable pour s'approcher et harponner, puis pour suivre les mouvements et la vitesse du gros poisson, sur lequel le harpon était une ancre qui servait à traîner les hommes, jusqu'à ce que, s'approchant, ceux-ci aient pu parvenir à tuer la baleine avec une longue lance à large lame. Pour enlever la graisse qui, fondue, donne l'huile, la baleine est attachée le long du bord, la queue en avant du navire. On découpe sa peau et on détache sa graisse par des incisions, dont la peau percée est fixée à un système de poulies qui la tire en l'air, et fait tourner le corps entier. C'est ce qu'on appelle *virer la lippe.*

La graisse est fondue dans quatre chaudières établies dans un massif en briques en avant du grand mât. Les Américains ont été les plus hardis pêcheurs, ils attaquaient le cachalot qui savait se défendre.

Actuellement, on a de très gros fusils lançant un obus qui éclate dans le ventre de l'animal et le tue. Comme la baleine morte flotte sur l'eau, il est possible de la conduire à terre dans certains parages pour la dépecer et faire l'huile.

Pl. 55. – Sir-John-Franklin

Paquebot à voiles entre New-York et le Havre, en 1840. — Ce genre de navire, du port de 800 à 1000 tonneaux, offrait aux passagers l'avantage d'une belle marche, de bonnes qualités nautiques et de logements confortables, relativement à ceux des navires qui faisaient en même temps le commerce du coton entre les deux continents.

Ils avaient, outre la ligne du Havre, celle de Marseille, qui était mensuelle, et ils firent le service postal jusqu'à ce que les navires à vapeur soient parvenus à traverser l'Océan.

Celui représenté, entre au Havre avec un fort vent du sud-ouest, il a tous les ris pris dans les huniers, et sa grande voile serrée.

Pl. 56. – La Mérope

Brick de New-York, 1820. — Ce genre de navire fut adopté par les Américains en 1820. Son tonnage était de 350 à 450 tonneaux, et sa longueur 33 m. 50. Ces navires à façons fines étaient propres à toutes les navigations. Celui représenté a tout à fait l'aspect d'un navire de guerre moderne.

Pl. 57. – Le Bazaar

De Boston, 1832. — Ce navire fut un des premiers du type adopté par les Américains pour le transport des balles de coton, et à l'époque où il n'y avait pas d'autres moyens de voyager, ils suivirent la ligue de New-York au Havre, à cause des passagers déjà nombreux entre ces parties du continent. C'étaient de grandes caisses à angles arrondis, et leur gréement des plus solides ne montrait que le strict nécessaire. Ils furent les premiers à employer des chaînes pour les manœuvres courantes, telles que drisses, suspentes, itaques, écoutes et jambes de revers. Ils adoptèrent aussi un pouliage perfectionné qui donnait à la manœuvre une facilité permettant de réduire les équipages plus que sur les navires d'aucune autre nation.

Malgré la forme obtuse, que le dessin de M. Roux fait si bien apprécier, leur marche était au-dessus de l'ordinaire du commerce, et leurs traversées très régulières n'excédaient pas 25 jours. Le dessin de gauche fait apprécier la largeur de la partie plate de l'arrière. Beaucoup de ces navires ont fini par être achetés par les Suédois pour le transport des bois.

Pl. 58. – Le San-Nicolo

Navire grec de 400 tonneaux, 1810. — Ce genre de navire faisait exclusivement le commerce des blés entre la mer Noire et Marseille. De même que les autres navires grecs, il avait un aspect élégant, une marche supérieure et de bons équipages. Celui représenté est au mouillage de l'île Pomègue, devant Marseille, à l'époque où les quarantaines y réunissaient de nombreux navires.

Pl. 59. – Le Cavallo-Marino

De Gênes, 1840. — Ce genre de goélette à trois mâts fut dû au capitaine Dall Orso, qui le commanda pour faire les voyages du Brésil et de la Plata. Il eut de nombreuses imitations dans divers pays. Le port était de 500 tonneaux et s'élevait souvent à 800. Le pavillon est celui du Piémont à l'époque de Carlo Alberto, 1831.

Pl. 60. – Le William-Atwood

Goélette à trois mâts américaine. — La voilure de goélette a été employée avec plus de succès en Amérique que dans les autres pays, elle l'est ici à un genre de navire dont le port varie de 700 à 900 tonneaux.

Pl. 61. – La Volonté-de-Dieu

Bombarde, de Marseille, 1816. — Ce genre de navire auquel l'analogie de sa mâture avec celle des galiotes à bombes, a fait donner son nom, appartenait spécialement à Marseille ; on en construisait et armait depuis Saint-Tropez jusqu'à Agde, et il faisait le commerce de Tunis, des îles de l'Archipel, qu'on appelait les Échelles du Levant, et poussait jusqu'à Alexandrie. Il était très nombreux jusqu'en 1860, et depuis lors il a complètement disparu. C'étaient de bons navires pour leur mer, très économiques, puisqu'ils

56 - **La Merope**. *Brick de New-York - 1820.*

57 - **Le Bazaar**. *Trois mâts américain - 1832*

58 - **Le San Nicolo.** *Navire grec - 1810*

59 - **Le Cavella-Marina.** *Goélette de Génes - 1840.*

60 - **Le William Atwood.** *Goélette américaine.*

61 - **La Volonté de Dieu.** *Bombarde de Marseille - 1816.*

62 - **Trabaccolo.** *Caboteur de l'Adriatique - 1880.*

n'avaient que six hommes d'équipage. Celui représenté est des plus grands. Sa longueur à la flottaison, 20 m. ; largeur au fort, 6 m. 60 ; creux, 3 m. 54 ; tirant d'eau arrière, 2 m. 62 ; avant 2 m. 59. Surface de voilure, 337 m^{2}ne. Rapport au maître-couple, 1 à 27.

Ce tableau montre clairement la disposition de la mâture, qui est cachée par les voiles sur d'autres figures ; elle tire son nom de Pibol, peuplier en provençal, et elle n'a jamais servi qu'aux navires de la Méditerranée. Le mât est d'une seule venue et sans hune. Les bas haubans sont à poste, ainsi que tous les galhaubans et les bas étais. Mais les étais supérieurs et les drailles de foc sont unis à un anneau de fer, qui glisse de la position basse à celle au sommet du mât. Il en résulte que rien ne s'oppose alors à ce que la vergue de perroquet monte aussi haut. Mais aussi, ce qui représente le mat d'hune, n'est plus tenu en étai, comme on le voit sur la figure de gauche, qui a l'étai d'hune et les drailles de foc hissées au sommet du mât, où l'on remarque l'anneau de fer auquel toutes ces cordes tiennent.

La figure de droite montre au contraire le perroquet descendu sur la vergue d'hune, et l'étai, ainsi que la draille ayant leur anneau reposant sur le capelage. Il résulte de cette disposition que toutes les voiles supérieures peuvent être descendues en un instant près de la basse vergue et s'abriter ainsi les unes les autres. Pour prendre les ris ou serrer les voiles hautes, la vergue d'hune est si voisine de la basse vergue, que celle-ci sert de marchepied, et pour que la toile ne soulève pas la vergue d'hune, celle-ci est retenue à la basse vergue par deux cordes spéciales. On remarque que le perroquet est éloigné du mât ; c'est qu'il n'y est pas retenu par un raccage qui ne pourrait ni monter au-dessus, ni descendre au-dessous du capelage des galhaubans. On ne fait un raccage à la vergue du perroquet que lorsqu'elle est au-dessus du capelage. Ce système facilite beaucoup la manœuvre, mais il n'a jamais convenu aux mauvais temps et aux grosses mers de l'Océan, où la division des mâts en pièces séparées est adoptée, comme on le voit sur les figures de tous les navires appartenant à la grande mer.

Pl. 62. – *Trabaccolo*

Ancône est le principal port des Trabaccoli qui ont beaucoup d'analogie avec le *Chasse-Marée* breton, comme le montre le dessin : à cela près cependant, qu'au lieu d'être libre, le bas de leurs voiles est transfilé à une vergue.

Le tableau montre ce bateau dans trois positions, de manière à faire bien apprécier ses grosses formes et sa voilure. Celui représenté porte le pavillon du pape, tel qu'il était avant la réunion du Piémont et de l'Italie. Ces caboteurs viennent assez rarement à Marseille, ils semblent disposés pour le vent violent, qui souffle du nord-est, sous le nom de *Bora* dans l'Adriatique. Souvent le corps est orné de liteaux de couleur ainsi que de guirlandes de fleurs et la voile porte des peintures variées représentant souvent des personnages tels que des saints, comme sur la plupart des bateaux de Venise. Il paraît que des peintres italiens ont commencé leur carrière par de tels travaux.

Pl. 63. – *Étoile de Bonaparte*

Corsaire, 1805 à 1810. — Le *Chebec* a été le plus élégant des navires de la Méditerranée, il avait conservé l'élancement exagéré de l'avant que montrait la galère et avait adopté une sorte d'arrière prolongé par les côtés du navire et terminé par un petit tableau plat, qui laissait un espace vide au-dessus

63 - **L'Étoile de Bonaparte.** *Corsaire à voiles latines - 1805.*

64 - ***Pinca*** . *Grand navire de Gènes à voiles latines - 1800.*

64 bis - ***Pinca*** - *Grand navire, le même sous les voiles carrées.*

65 - ***Bateau Boeuf d'Ayde*** - *1880.*

66 - ***Bateaux catalans*** - 1880.

du gouvernail. Il variait beaucoup en grandeur et ne dépassait guère 30 mètres de long. Il a été spécialement employé à la course à cause de sa marche et de l'aide de ses avirons ; ses canons étaient toujours d'un très faible calibre. Il a disparu après la paix de 1815, parce qu'il exigeait de trop forts équipages pour son peu de cargaison.

Les Barbaresques ont été les derniers à en armer et en 1830 nous en avons trouvé en Algérie qu'on a employés quelque temps sur la côte. Ses voiles latines prenaient les formes et les positions les plus gracieuses et elles contrastaient avec l'espèce de raideur des voiles carrées ; nos focs les rappellent un peu, lorsque leur écoute est en partie filée.

Pl. 64. – Le *Pinque* ou *Pinco*

1800. — Il a été heureux que M. Roux ait pu ajouter quelques dessins de ce genre de navire à ceux que Beaujean donne dans ses collections de gravures, parce que le *Pinque*, très usité pendant le siècle dernier, a disparu complètement depuis la paix de 1815, au point qu'il n'en restait qu'un désarmé en 1822 dans le port de Gênes, auquel ce type appartenait spécialement.

Ce navire faisait surtout le transport des huiles de la côte de Kabylie aux savonneries de Marseille ; il sortait rarement de la Méditerranée et celui représenté nommé la *Fileuse* a été armé en course avec 16 canons de 4 lorsqu'il est allé aux Antilles. Ses formes avaient été tracées par le célèbre Coulomb. C'était le navire qui employait les plus grandes voiles latines ; sa grande antenne avait 28 m. et portait une voile de 215 m.^{2}, la surface totale de la voilure était 510 m.^{2} et son rapport à la maîtresse section 1 à 29. Pour hisser les antennes on avait un bloc fixé au navire en arrière du mât ; il était percé de six ou huit réas et la poulie correspondante avait ses clans percés deux à deux dans une longue pièce de bois. L'arrière des Pinques avait jusqu'à trois ponts, dont deux couverts ; tandis que le reste jusqu'à l'avant n'avait qu'un seul pont découvert. Le tableau et ses côtés étaient décorés de sculptures souvent peintes en couleurs.

Les Pinques n'embarquaient jamais leur chaloupe et comme ils n'avaient pas d'avirons, ils se faisaient remorquer, lorsqu'il faisait calme. Les deux aquarelles ont été faites d'après des dessins au crayon de M. Roux ; l'une représente le navire avec ses grandes voiles et se faisant remorquer, l'autre avec ses grandes antennes amenées au-dessus de sa cargaison de barriques, et ses mâts portent de petites voiles carrées ; il y avait des Pinques qui remplaçaient ces dernières par des voiles à antenne de petite dimension.

Quelques chiffres feront mieux apprécier ce navire singulier pour notre époque. Longueur entre perpendiculaires, 24 m. 20 ; largeur hors bordages 6 m. 55 ; creux sur quille au milieu 3 m. 60 ; tirant d'eau arrière 3 m. 10, avant 2 m. 58. Le port en marchandises variait entre 200 et 300 tonneaux. Le mât de misaine était incliné de 21° vers l'avant.

Pl. 65. *Bateau Bœuf*

La côte sud de France a un type de bateau que l'aquarelle de M. Roux représente bien et qui du côté d'Agde se nomme *bateau bœuf*. Il sert à remorquer par couple des filets, dont chaque côté de 25 m. est uni à une poche centrale de 7 à 8 m. terminée par un demi-cercle en fer, dont la partie plate traîne sur le fond. Ces bateaux ne prennent jamais de ris et quand le vent devient trop fort ils établissent un foc maraboutin, sur le plus petit des deux espars qu'ils ont à bord et dont la longueur est 12 m. ; leur longueur est 15 m. 75 ; la largeur 4 m. 90 ; rapport 1 à 3, 2 ; le creux est 1 m. 60 ; la membrure est simple 0 m. 10 x 1 m. 10, espacée de 0 m. 30. Le pont est très courbe et le côté est percé de beaucoup de petits trous pour l'évacuation de l'eau ; leur chaloupe se met sur le pont.

À droite on voit un bateau plus petit et du même genre qui sert aux pilotes et aux pêcheurs et présente ce qui à Toulon est nommé *Rafiau*. C'est le type de la côte de Provence, il navigue par les forts vents nommés mistral, et prend des ris dans sa voile, il vire de bord presque sur lui-même et sert à la pêche comme au transport des passagers.

Pl. 66. – Bateaux Catalans

Pour terminer les bâtiments à voiles M. Roux a dessiné un groupe des plus élégants bateaux de la Méditerranée. Ce sont les *Catalans*, longs de 9 m. 60 et larges de 2 m. 36, qui sont réputés pour leur marche et la gracieuseté de leur forme. Rapport 1 à 4,0. Ils ont une voile énorme, 54 $m.^2$ pour 1 m. 48 de maître couple immergé et ils la réduisent de près de moitié par des ris, en raccourcissant à chaque fois la vergue qui est en deux parties et de la sorte est plus forte sans battre en l'air, comme une antenne ordinaire. Le bateau catalan est ponté devant et derrière, au milieu est un vaste espace vide, où le poisson et les filets trouvent place. Cet espace est entouré d'un rebord élevé et sur les côtés le pont est très oblique. La muraille est percée de beaucoup de trous au ras du pont pour l'évacuation de l'eau.

On voit une imitation des *Catalans* sur la côte de Livourne. Presque tous ces navires ont été exécutés en modèles et se trouvent dans les vitrines du musée. De plus leurs plans exacts et les dimensions de toutes leurs parties se trouvent dans le *Recueil des souvenirs de marine* ; ainsi que les vaisseaux des époques de Louis XIII, Louis XIV et Louis XV. Ces plans seraient assez complets pour en construire de semblables.

Navires de l'Océan

par M. Edouard Adam

Comme la plupart des navires dessinés par M. Roux appartiennent à la Méditerranée, et que c'est la mer qu'il avait sous les yeux qu'il a représentée fidèlement ; il a paru convenable de compléter cette collection par des photographies des tableaux à l'huile d'un artiste du Havre, M. Édouard Adam, qui ne représentent que ceux de l'Océan et les placent sur des mers vraies de forme et de couleur.

Pl. 67. – *Brick marchand.*

Et bateaux du Havre. — À droite est un *Picoteux*, bateau rond qui pêche à l'embouchure de la Seine ; ses dimensions sont 7 m. 71 de long et 2 m. 90 de large ; le rapport est 1 à 2,75.

Au milieu, est le brick la Fête-Dieu, qui finit de virer de bord vent devant, ayant déjà changé ses voiles de l'arrière et brassant celles de l'avant, pour les établir sur le nouveau bord (Voir ce qui est dit à la planche 29).

À gauche, est le genre de bateau nommé *Platte* ; celui-ci est nommé la *Reine des fleurs* ; sa longueur est 9 m. 35, la largeur 3 m. 15, rapport 1 à 2,97 ; il est employé à la pêche au chalut, il est ponté comme le précédent.

On remarque combien le peu de longueur relative de ces bateaux, contraste avec les proportions de ceux de la Méditerranée.

Pl. 68. – *Course de côtres.*

La mode des courses de bateaux, venue d'Angleterre, s'est promptement répandue en France, et elle a fait construire des navires destinés à se disputer des prix, qui n'ont point produit de progrès pour les constructions usuelles.

Pl. 69. – *L'Actœa.*

Yacht construit à Boston, jauge 122 tonn., 1882. — Ce dessin montre les jolies goëlettes que de riches amateurs font construire pour voyager, et à gauche est un bateau à vapeur destiné au même but.

Pl. 70. – *Brick brésilien.*

Longueur 28 m. 82, largeur 7 m., creux 4 m. 50, jauge 200 ton. Ce dessin montre la grosseur exagérée des formes des navires de cette époque, afin de porter plus de marchandises que ne le marquait la jauge, d'après laquelle les droits d'ancrage étaient payés, et d'avoir moins d'équipages. Il en résultait une lenteur de marche, que l'on admettait parce qu'elle était générale.

Pl. 71. – *Ancien trois mâts du commerce*, courant vent arrière avec un ris dans les huniers, ce qu'on appelait quelquefois *fuir devant le temps*, lorsqu'on avait peine

67 - ***Brick marchand**, picoteux et plates du Havre - 1880.*

68 - *Courses de côtres* - 1880.

69 - ***L'Actaa***. *Yacht de Boston - 1882.*

70 - **Brick brésilien** *sortant du Havre.*

71 - *Ancien trois mâts* de commerce.

*72 - **William Laurence.** Clipper américain - 1874.*

73 - *Navires hollandais* - 1880.

à lui résister et que la mer était libre sous le vent.

Pl. 72. – *William-Lawrence.*

Clipper construit à Maitland, en 1874. Longueur 92 m. 20 ; jauge 4 000 tonneaux, surface de voilure 1 400 m^2. Ce navire contraste avec les précédents par sa longueur et surtout par l'extrême division de sa voilure, qui permet de manœuvrer beaucoup plus facilement chaque partie et de ne pas diminuer de toile par prévision.

Ce sont ces clippers, dont il a été question plus haut, qui font des traversées si remarquables et auraient lutté longtemps contre les machines à vapeur, si l'isthme de Panama n'avait eu un chemin de fer dont le transit est meilleur marché que le tour par le cap Horn, bien qu'il exige deux transbordements des marchandises. L'ouverture du canal de Panama les supprimera pour toujours, comme bien d'autres navires à voiles.

Pl. 73. – *Navires hollandais et danois.*

Cette planche représente des navires étrangers que l'on voit souvent au Havre, et dont la physionomie diffère de celle des bâtiments représentés sur la planche précédente. La goélette danoise a un arrière plat avec le gouvernail en dehors, et le bateau de gauche, sous le nom de *Barge de Portland*, porte des voiles à l'avant, dont l'usage presque général à Constantinople et jadis en Grèce, ne se voit que rarement dans l'Océan.

Il y a aussi lieu de remarquer que les voiles ont la couleur que leur donne une sorte de teinture au tan, qui, dans les pays humides est employée pour préserver les voiles comme les filets. C'est un usage très répandu en Bretagne. La *Barge de Portland* est le seul dessin de ce recueil qui montre cette planche plate, et qui a une forte charnière à boulon contre le navire à sa partie supérieure, et que l'on nomme dérive. Il y en a une de chaque côté, de manière à laisser tomber celle de sous le vent qui, appuyée contre le navire, reste verticale et dépasse le niveau de la quille. Elle présente de la sorte une grande surface plate qui, par la résistance qu'elle trouve dans l'eau, diminue l'effet nommé dérive, lequel laisse le navire s'en aller sous le vent, de sorte que s'il ne marchait pas, il serait emporté lentement en travers ou en dérive.

Mais comme le navire marche, la route est la composante de sa vitesse et de sa dérive ; celle-ci étant d'autant moindre, comme déviation angulaire, que le navire va plus vite.

La déposition de la dérive est nécessaire aux navires, que les parages qu'ils fréquentent forcent à être très plats et qui, par suite, présentent une petite surface latérale relativement à leur voilure. Les Hollandais, dont les ports sont très peu profonds, sont forcés de construire leurs navires de la sorte, pour pouvoir entrer et sortir. Ils en éprouvent les inconvénients pendant les plus longs trajets et ont une marche proverbiale de lenteur.

Pour les vaisseaux, ils avaient inventé d'énormes caisses latérales assorties à la forme de la carène et qui, remplies d'eau pour être appliquées de chaque côté, soulevaient le navire, lorsqu'on les vidait, de manière à le faire passer sur des bas-fonds, impraticables sans cette ressource.

74 - **Le John Bull.** *Vapeur du commerce - 1834.*

Navires à vapeur du commerce

Pl. 74. – Le John-Bull

Bateau à roues à aubes, construit à Poplar, près de Londres, en 1834. — Il y a quelqu'intérêt à connaître la physionomie des premiers bateaux à vapeur, bien qu'ils présentent un contraste fâcheux avec les nouveaux, comme le montre la comparaison à la planche suivante ; la médiocrité est très souvent le sort des nouveautés. Le John-Bull a fait longtemps le service entre le Havre et Londres. Longueur, 52 m., largeur, 8 m. 33 ; creux, 5 m. 25 ; longueur de la chambre des machines, 16 m. 50 ; tonnage, 591 tonneaux ; poids des machines, 246. Il ne devait guère filer que 6 à 7 nœuds, comme nos vapeurs de la même époque.

Pl. 75. – Le Fulton.

Paquebot transatlantique Américain, employé il y a 40 ans. — Il était dans le genre de nos bâtiments à roues destinés au service transatlantique, et jaugeait 2 200 tonneaux. Il a fait longtemps le service entre le Havre et New-York.

Pl. 76. – Saint-Simon

Paquebot à hélice, 1882. — Celui-ci montre l'état actuel des grands paquebots, qui surmontent les tempêtes de l'Atlantique, et sont si puissants et si bien construits que leur service approche de l'exactitude de celui des chemins de fer. Ils offrent aux passagers tout le confortable possible à la mer et, se sont montrés plus rapides à mesure qu'ils ont grandi ; ils sont arrivés à près de 150 mètres de longueur sans que leur physionomie ait changé. Qui en a vu un les a vus tous. C'est la suite des communications constantes, et avec la simplicité que permet la vapeur, le monde ne tardera pas à avoir un ou deux types de paquebots, dont le pavillon sera la seule différence. Ce dessin et le précédent donnent une idée exacte de la grosse mer dans l'Océan. M. Adam la représente très bien en mouvement.

Pl. 77. – Paquebot à vapeur
dans les bassins du Havre

La carène des navires en fer se couvre d'herbes et de coquilles, presque autant que les rochers, et sa surface devenue rugueuse éprouve un surcroît de résistance à travers l'eau, qui diminue parfois la vitesse jusqu'à près d'un quart. On n'a trouvé jusqu'à présent aucun remède direct, aucun enduit, pour empêcher les retards de service et le surcroît de dépense de combustible qui en sont la conséquence. Il a fallu se résigner à mettre les navires à sec dans les bassins, tous les six ou huit mois, surtout dans les pays chauds, pour les gratter et les repeindre au minium, afin de retrouver le poli de la carène. Le dessin

75 - ***Le Fulton.*** *Transatlantique américain - 1844.*

76 - **Le Saint-Simon.** *Paquebot à hélice - 1882.*

77 - ***Paquebot à vapeur*** *dans le bassin du Havre - 1880.*

fait bien apprécier l'acuité de forme des navires actuels.

Pl. 78. *Abattage en carène.*

Pour terminer on a reproduit l'une des opérations difficiles de l'ancienne marine avant l'adoption des bassins de radoub dont il vient d'être question, et cette opération est toujours la seule ressource d'un navire qui dans un pays lointain a touché sur des rochers au point d'avoir une voie d'eau dangereuse. C'est ce qui est arrivé en 1838 à la frégate de 54 canons *l'Artémise* qui, par ces effets de lumière, qui font miroiter la mer et empêchent de voir le fond par transparence, s'était échouée sur un ban de corail en arrivant à Tahiti et ne s'en était tirée qu'avec une partie de la quille et deux bordages de l'arrière arrachés, au point d'exiger constamment cent hommes aux pompes.

M. La Place, qui avait déjà fait le tour du monde sur la corvette *la Favorite*, ne désespéra pas et fut si bien secondé par les maîtres de l'équipage, qu'il put sauver la frégate en l'abattant en carène.

Cette opération qui pour d'aussi grands navires exige les ressources d'un arsenal, n'avait à Tahiti que les arbres des forêts, qu'il fallait abattre, ébrancher, traîner et débiter avec les hommes du bord et une lame de scie ainsi qu'un soufflet crevé qui s'ajoutèrent à la forge et aux moyens habituels d'un navire. Il fallut tout faire, des poulies d'appareil, six cabestans, des planches pour boucher les sabords, de l'étoupe, des clous, etc. ; ce qui ne fut rendu possible que parce que, moyennant un bon salaire, les Tahitiens pompaient.

Le manque de points fixes pour attacher les poulies, fit empiler les canons, en les empêchant de faire céder le sable et de tomber dans la mer, par des chaînes attachées à des ancres enterrées. Après plus d'un mois de travaux préparatoires, la frégate fut couchée, comme le montre le dessin, la quille réparée, et après douze jours dans cette position, elle fut redressée, réarmée et continua sa campagne. Qu'il soit permis de dire que ces travaux pénibles furent faits presqu'en chantant, car le brave matelot sut y mettre de la gaîté et profiter des charmes du beau pays de Tahiti pour ramener sa belle frégate en France.

On pourra demander pourquoi s'arrêter ici ? Est-ce qu'il n'y a pas d'autres nouveautés en marine ? Oui, et une qui sera probablement terrible un jour. Mais comment la dessiner, elle est cachée sous l'eau, elle part et détruit, quand elle touche un objet, ou quand un fil invisible l'enflamme. Enfin elle va toute seule avec rapidité, mais alors elle exige pour la porter un bateau qui est hors de l'eau, c'est vrai, mais ce n'est que de 30 centimètres et à bien dire on ne voit que deux courtes cheminées, l'une pour respirer, l'autre pour la fumée. Ce n'est pas dessinable. Aussi les peintres de marine qui ne savent pas dessiner les navires, ou ne s'en donnent pas la peine, auront désormais beau jeu.

Une colonne d'eau en poussière et des débris çà et là de la forme qu'on voudra bien leur donner, sera la représentation exacte d'un combat naval plus terrible que ceux qui ont le mieux prêté à la peinture et à la gravure par les navires et les effets de fumée. Conservons donc ce qui précède pour qu'il en reste quelques souvenirs.

Pl. 79. – *La torpille.*

Elle amène à d'autres réflexions : elle n'amoindrit pas seulement la peinture des faits de guerre maritimes, elle est aussi l'emblème de l'une des nouveautés remarquables de notre époque : celle de la production industrielle des engins de guerre par des fabricants et en dehors des arsenaux des gouvernements. Jadis, ceux-ci pouvaient seuls confectionner des engins

*78 - La frégate **L'Artémise**, abattue en carène à Tahiti - 1838.*

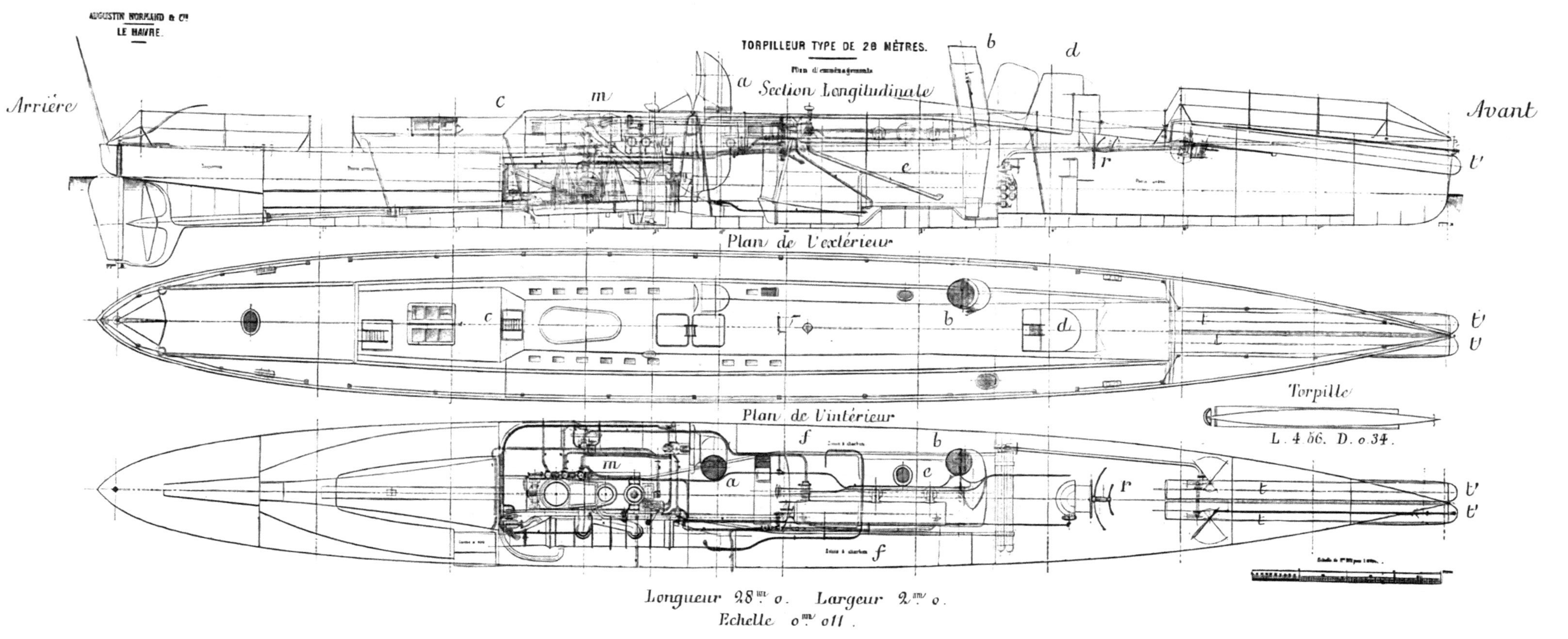

79 - *Torpilleur type de 28 m.*

aussi spéciaux, seuls ils avaient les édifices, les ateliers, le personnel et les nombreux approvisionnements nécessaires, et cela pour construire le vaisseau, forger ses ancres et fondre ses canons, comme pour faire des fusils et des pistolets. Ils n'avaient d'autre excitant par concurrence, que les produits des ennemis placés dans les mêmes conditions ; d'où une lenteur d'invention qui a fait durer si longtemps les mêmes engins en ne montrant, de loin en loin, que des perfectionnements partiels : la cartouche faite à l'avance, remplaçant la poire à poudre, et la percussion remplaçant la pierre à feu, les canons rayés, etc. Le même canon et le même fusil ont servi depuis les guerres de Louis XIV et de Frédéric jusque vers 1830. Mais depuis que la communication rapide des idées active tout ce que l'abondance des capitaux permet de tout oser sur un espoir de gain, l'industrie s'est mise en tête des instruments de destruction, comme des produits les plus élégants et les plus délicats.

Qui sait si on ne verra pas se renouveler ce qu'on peut appeler la guerre entre l'État et des particuliers, comme la célèbre expédition de Rio-Janeiro, faite à compte à demi entre le roi Louis XIV et le sieur Duguay-Trouin, avec de l'argent fourni par des capitalistes du temps, au lieu de nombreux actionnaires. L'acte cité dans l'ouvrage si précis du commandant Troude (*Batailles navales de la France*), est vraiment curieux ; c'est une pièce commerciale où les dépenses et les profits de chacun sont clairement définis.

Pourquoi, maintenant que l'industrie fait tout, ne pourrait-on pas s'arranger avec elle pour la guerre ? Le difficile serait sans doute la manière de coter assez exactement la valeur de la destruction opérée, car il n'y aurait plus à espérer de rémunération sur une rançon et sur des ventes de denrée.

Qui sait si une machine infernale comme celle qui détruisit une partie de Saint-Malo, ou que des navires sautés par des torpilles ne seront pas soldés après le fait réalisé et d'après un marché passé. Notre époque voit faire tant de choses extraordinaires par association, qu'une guerre maritime lui en ferait opérer de toutes nouvelles, et peut-être y en aura-t-il dans le genre que l'on expose ici.

On l'a vu, sur une petite échelle il est vrai, lorsque les cuirasses de fer devenues possibles, ont fait croire à l'invulnérabilité sur mer, au profit des uns et au détriment des autres ; c'est l'industrie qui a détruit cette croyance, en produisant des canons de plus en plus terribles. Ce sont deux maîtres de forge qui ont pris les devants.

C'est de l'industrie qu'est sortie la torpille, sous toutes ses formes ; puis, sachant utiliser toutes les nouvelles lois de physique et de chimie, aussi bien que les perfectionnements industriels, elle a produit une variété d'engins sous-marins de la nature la plus traîtresse, dont le dernier mot est devenu la torpille *Whitehead*, se mouvant seule et par elle-même avec une vitesse inconnue.

La torpille est devenue ainsi un moyen terrible d'attaque après avoir été bornée depuis son principe à un résultat, redoutable il est vrai, mais ne convenant qu'à une défense locale à cause de son immobilité. C'est un chef-d'œuvre effrayant ! Il n'est guère produit encore que par une seule maison, et le débit en est borné. Mais qu'une guerre augmente la fabrication, la concurrence s'élèvera ; les inventions et les brevets se succéderont et cet engin, déjà terrible, acquerra des qualités plus terribles encore ; car il est devenu commercial comme tous les objets à notre usage ; en achète qui veut, comme on achète un fusil perfectionné, ainsi que le droit d'en faire d'autres semblables, ou bien un cuirassé de 10 000 000 de francs de valeur, ou un paquebot de 140 mètres de long.

Leurs fabricants ont bien quelques petits secrets importants ou non, mais ils auront leurs annonces imprimées avec des images et les conditions des marchés, ainsi que du paiement. Comme il y a naturellement peu d'acheteurs, cela ne se distribue pas dans les rues, mais circule et se met à la connaissance des intéressés. Il n'y a donc plus ni mystères, ni lenteurs ; c'est une transformation complète de l'industrie guerrière, c'est un changement de mains pour la confection comme pour l'invention.

Les résultats peuvent devenir importants, puisqu'il suffit d'avoir de l'argent pour posséder les meilleurs engins, sans avances ruineuses, mais en raison de la dépense directe, et cela peut servir pour attaquer, et encore mieux, pour défendre les ports et les villes maritimes. Il en résulte aussi que tout le matériel accumulé et modifié par des administrations prévoyantes, que la disposition même de l'entrée des ports se trouve dépréciée dans des proportions qui, difficiles à établir exactement, sont certainement très notables. Une prolongation de durée du matériel existant, a cependant des avantages, en ce qu'on peut toujours trouver à utiliser le vieux matériel, ne fût-ce que pour se garantir des nouveautés.

Cet effet exercé par l'invention des torpilles, porte à rappeler l'opinion de Nelson, lorsque Fulton vint proposer son invention en Angleterre ; il dit alors que M. Pitt était un fou de protéger une invention, qui si elle réussissait, ne devait contribuer qu'à enlever le sceptre des mers des mains de l'Angleterre. Chacun pensait là suivant le rôle qu'il jouait. Puisqu'on ne peut guère représenter d'une manière pittoresque la *Torpille-Poisson*, dans cette collection, il est au moins utile de montrer le bateau destiné à la porter ainsi qu'à la lancer. Il a donc été convenable de le représenter au moyen d'un tracé géométrique, qui a l'avantage de faire connaître par des sections, quel est l'intérieur de ce nouveau genre de navire, aussi curieux que l'extérieur des navires à voiles représentés sur ces planches.

On s'est donc décidé à reproduire photographiquement la section longitudinale et le plan de l'extérieur, ainsi que de l'intérieur d'un bateau porte-torpille, dont l'invention est due à M. Thonicroft, tandis que l'exécution de celui représenté, l'est à M. Normand, du Havre, dont les ateliers travaillent avec l'exactitude nécessaire à cette sorte d'horlogerie aussi puissante que terrible dans sa petitesse mécanique.

La figure supérieure montre l'intérieur et en supprimant tous les détails, pour ne conserver que les contours, il n'y a qu'à supposer la surface unie et ronde pour se représenter l'extérieur. On entre dans l'intérieur par une porte C, qui est ensuite fermée hermétiquement, de sorte que l'eau peut passer par-dessus le bateau sans produire le moindre effet nuisible. Comme alors on est séparé de l'atmosphère, on y reçoit en abondance de l'air par des ventilateurs placés sur les côtés et actionnés par une machine spéciale, afin de continuer leur effet nécessaire, quand la grande machine est stoppée. Ces souffleries aspirent l'air par la cheminée *a*, et produisent à l'intérieur une pression de quelques centimètres d'eau supérieure à l'atmosphère, qui occasionne dans la chambre de la machine une fraîcheur très remarquable.

On est beaucoup plus à l'aise dans cette caisse hermétique que dans les chambres de chauffe des machines. Cette pression active les feux et fait sortir la fumée par la cheminée *b*. Sur les côtés de la chaudière *e*, sont les petites soutes à charbon *f f*. La machine m est à cylindres renversés, dite à pilon, et agit sur l'arbre à manivelles placé en dessous ; tout y est d'une exécution et d'une légèreté remarquables.

Son arbre est incliné par rapport à la quille, afin de permettre de donner plus de diamètre à l'hélice, en lui faisant déborder la quille par le bas, pour obtenir une surface agissante assez grande et nécessaire à cause de la puissance relativement énorme de la machine. Celle-ci tourne avec assez de vitesse pour imprimer 24 nœuds, 44 kilomètres et demi à l'heure.

Le bateau est si aigu et si léger relativement à la force de sa machine, qu'on se sent trébucher lorsqu'on met en marche. Celui représenté a 28 mètres de long, ce qui met les figures à l'échelle de 0,0062 par mètre. Il ne pourrait aller loin, aussi on a songé à le transporter. On paraît également avoir une tendance à l'agrandir, à en faire une sorte de petit navire pouvant marcher seul. Conservera-t-il alors ses qualités primitives, la presqu'invisibilité, au moins pendant la nuit, et la rapidité d'évolution pour échapper aux nouveaux moyens de défense imaginés contre lui. Car l'éléphant de 12 à 15 millions de kilogrammes voit maintenant quel ennemi redoutable il doit craindre, malgré sa cuirasse et à côté des canons de 40, 50 ou 100 tonnes, il a été forcé d'en placer de petits, qui, par l'extrême rapidité de leur tir, menacent de percer la peau aussi mince du torpilleur, que celle du cuirassé est devenue épaisse.

Qu'en résultera-t-il ? Le bon marché relatif du torpilleur permettra-t-il de le multiplier assez pour lui assurer la victoire ? C'est probable. Ou forcera-t-il le cuirassé à augmenter plus démesurément encore sa valeur pour marcher plus vite et fuir devant lui et se montrer utile d'une autre manière ; car si la torpille est forte contre les navires, elle est la tranquillité des villes maritimes, en ce qu'elle n'aura jamais d'action contre la terre et s'il s'agit d'attaquer des ports, le cuirassé est devenu seul capable de le faire. Il peut donc être encore très utile, et il est fâcheux de le laisser dépérir si vite, lui et sa chaudière.

L'homme qui gouverne est dans une partie extérieure et saillante *d* garnie de fortes glaces comme le long roufle qui couvre la machine et est aussi étanche que tout le reste. Il y manœuvre une roue *r*, dont le mouvement est transmis au gouvernail par des tringles et des chaînes.

Devant lui est une cloison avec deux portes par lesquelles on introduit les torpilles Whitehead, dans chacun des gros tubes *tt'* et *tt'*, qui vont jusqu'à l'avant, où ils sont bouchés à volonté par un opercule à charnière, manœuvré par une tige, qui entre dans l'intérieur. Un appareil spécial sert à comprimer de l'air, qui, par l'ouverture d'une soupape, chasse violemment la torpille hors du tube. Le fait du départ met en train la machine contenue dans la torpille, qui, au lieu de recevoir de la vapeur, est actionnée par de l'air comprimé antérieurement à une haute pression dans un réservoir spécial. Il en résulte que la vitesse de la torpille, très grande au départ, diminue à mesure que la pression du réservoir baisse. Elle n'en parcourt pas moins plus de 1 000 mètres avec rapidité et, ce qui est remarquable, elle conserve sa direction et son niveau, lorsqu'elle a été bien lancée. Sa partie antérieure porte de légères antennes, comme beaucoup d'insectes, et le contact de l'une d'elles à la rencontre de la carène d'un ennemi, détermine la terrible explosion des divers mélanges nouveaux contenus dans la partie antérieure.

La torpille Whitehead que possède le Musée a 4 m. 56 de longueur et 0 m. 34 de largeur ou plutôt de diamètre, car elle est ronde ; cela met ses deux dimensions dans le rapport de 1 à 13,41. Elle se démonte en trois pièces : l'une d'elles renferme la partie secrète, l'autre l'air comprimé pour faire mouvoir une petite machine qui fait tourner l'hélice. Celle-ci est placée à l'arrière devant une surface plate, qui est dans le même plan que deux sortes de cloisons extérieures et latérales en tôle placées comme les nageoires dorsales des poissons. Ces surfaces résistent à l'effet de rotation que produisent les ailes de l'hélice à cause de leur surface oblique et qui finirait par se borner à faire pivoter la torpille sans la faire presqu'avancer, puisque l'eau résiste fort peu au mouvement de rotation.

Mais ce mouvement, qui diminue l'effet utile de l'hélice en lui cédant, se trouve utilisé pour maintenir la direction de la torpille. C'est un effet indispensable, parce qu'en tournant, la torpille n'a pas plus de tendance à aller d'un côté que de l'autre, comme la toupie, à tomber à droite ou à gauche, et de la sorte la direction première se trouve maintenue naturellement, puisque l'engin est abandonné à lui-même. On peut se faire une idée de cet effet régulier dans l'eau, en se rappelant cet ingénieux joujou qui imitant un papillon, s'élevait jusqu'au sommet des maisons de l'avenue de l'Opéra. C'était le même principe ; mais au lieu d'une machine actionnée par l'air comprimé, la force du joujou résidait dans la tension d'une lanière de caoutchouc, tendue primitivement en tournant l'hélice à l'envers.

Ce n'est que pour donner une idée des rapports des dimensions du torpilleur avec sa torpille, que l'on a tracé une petite image de cette dernière entre le plan de l'extérieur et de l'intérieur du torpilleur.

Tout cela est admirablement calculé et exécuté, c'est un art infernal auquel les anciens auraient donné un dieu spécial, leur Mars eût été trop benin. Et cette nouvelle arme est encore à sa naissance ; que deviendra-t-elle, lorsque l'expérience et le savoir-faire de l'industrie l'auront perfectionnée ? Va-t-elle annuler tout le passé maritime ? ou sera-t-elle moins terrible que tout porte à le croire ? Laissera-t-elle subsister sur mer le canon et par suite la cuirasse ? Il serait présomptueux de l'assurer comme de le nier. Elle sera terrible, mais à quel degré ? Elle suit aussi la marche de l'industrie moderne, l'annulation d'un grand nombre d'hommes par la perfection de l'invention d'un seul.

Qu'il s'agisse de travail, de transport, de confection délicate ou de destruction, c'est la marche fatale, et pour la guerre elle se continue depuis le casse-tête et la flèche, l'épée et l'arc, le fusil et le canon, jusqu'à elle, la torpille. Tout le reste du matériel naval est donc destiné à être modifié ou à disparaître en partie ; il n'existe déjà presque plus. Conservons donc au plus tôt quelques traces de ce passé ; car les élèves qui sortent maintenant de l'école de marine, raconteront quand ils seront capitaines de vaisseau (ce ne sera plus de vaisseau, mais quelque grade équivalent), qu'ils ont été à l'école sur un vaisseau, près duquel se trouvait un superbe trois ponts, mais qui n'avait pas plus sa mâture que leur propre ponton.

Ils se souviendront qu'on disait déjà qu'il n'y en avait plus de destinés à la guerre, mais leur gréement était changé pour ressembler à celui des derniers navires marchands, et que de plus on leur avait mis au lieu de canons, des structures latérales, établies en dehors à cause des malades qu'ils transportaient.

Ils raconteront aussi qu'on leur avait appris à appareiller sans chauffer, à virer de bord de deux manières sans machine, à s'arrêter sans stopper ; ce que l'on appelait alors mettre en panne. Les gréements étaient bien compliqués, il y avait une quantité de voiles embarrassantes, auxquelles il fallait toujours veiller, ce qui était fort ennuyeux, et c'était une affaire que d'apprendre une première fois aux matelots novices à connaître toutes ces cordes. Mais il y avait si longtemps que ces élèves, devenus vieux, n'avaient eu l'occasion de faire ces manœuvres, qu'ils seraient bien embarrassés si on refaisait des navires purement à voiles. Qu'il y avait bien des vieux livres qui traitaient de tout cela, mais qu'ils étaient tellement inutiles qu'on n'en trouvait plus. On se souvenait cependant qu'il y avait eu, environ 180 ans avant les torpilles, des escadres qui devaient manœuvrer mieux que plus tard ; puisque 45 vaisseaux français s'étaient héroïquement battus contre 97 vaisseaux alliés ayant 49 brûlots et frégates ; tout cela au milieu des courants de la Manche, et sans qu'on mentionne d'abordage entre navires amis. Les gens de ce temps-là devaient avoir une finesse de vue et une énergie d'action égales à celles des bêtes fauves.

Ils se souviendront que les gros cuirassés et les gros canons étaient alors à la mode. Dieu sait ce qu'ils avaient coûté ! Mais on savait qu'ils ne duraient pas longtemps, parce que depuis le temps des galères vénitiennes, on ne prenait aucune précaution pour conserver les navires.

Ces bâtiments dispendieux étaient déjà de bons embarquements pour les nouveaux mariés, toutefois les torpilleurs qui venaient de paraître valaient encore mieux. Il y avait bien aussi alors, comme depuis, de grands transports imités des paquebots ; ceux qui étaient à bord naviguaient beaucoup, c'étaient de bonnes gens.

Quoiqu'on n'eût pas encore oublié tout à fait les voiles, il est vrai de dire que quelques officiers avaient commencé à s'occuper de machines, comme les anciens avaient fait pour leur gréement, mais ce n'était déjà plus la peine, parce qu'on avait des conducteurs de machines bien rétribués.

Par contre, on devait avoir déjà beaucoup plus d'instruction scientifique et savoir bien d'autres choses que la manœuvre ; il fallait devenir chimiste, physicien, et puis on avait déjà tant de nouvelles et bonnes positions, à terre, que tout ce qui était purement marin, devenait indifférent et n'intéressait que lorsqu'on s'avisait de lire les vieux voyages faits à la voile, que l'on comprenait peu et qui laissaient beaucoup de doutes sur ce qu'étaient les navires de leur temps.

Quant à la vitesse des navires d'alors, leur lenteur n'est pas croyable, c'étaient presque des bateaux à rames ; six à sept nœuds d'abord, puis douze nœuds devenus une merveille avant le torpilleur ; cela devait faire rester bien longtemps à ne rien faire en mer, que s'informer de la vitesse et du charbon. Pourtant on avait imaginé dès le principe, les expériences officielles confirmant ces vitesses obtenues une première fois ; six à sept nœuds bien constatés ! C'était cependant bien important ; car bien qu'il fût certain qu'en pratique on en perdît près d'un quart le lendemain, le capitaine qui aurait été pris en guerre, par un procès-verbal moins flatteur, aurait été perdu, papier en main, pour n'avoir pas su conserver la vitesse constatée.

À cette époque, quelques paquebots et quelques avisos rapides commençaient, il est vrai, à faire oublier les anciens bateaux et surtout les navires à voiles.

Ce qui est exposé ici n'est pas exagéré ; tout marche très vite ; le présent si varié occupe seul depuis les grandes guerres, les divers gouvernements l'ont rendu intéressant par de petites guerres nouvelles, et ce qu'on vient de dire n'est réellement que la continuation d'un passé très récent.

On le verra dans cinquante ou soixante ans, et alors il faut espérer que l'encombrement des armoires et la mise en ordre des collections ou des archives, ou les changements de mains dans les familles, ajoutés à « l'à quoi bon » qui est fort commode, n'auront pas fait disparaître aussi vite que jadis les livres et les dessins qui rappellent ce nouveau passé, que l'on peut taxer d'être encore défini, pour devenir indéfini dans quelques années, et cela en dénaturant un peu les significations admises pour ces deux mots.

E. Pâris

Table des Gravures

Navires de guerre à voiles

Navires à vapeur à roues

Navires à hélice

Navires cuirassés

Navires à voiles du commerce

Navires de l'Océan

Navires à vapeur du commerce

Marine

www.decoopman.com

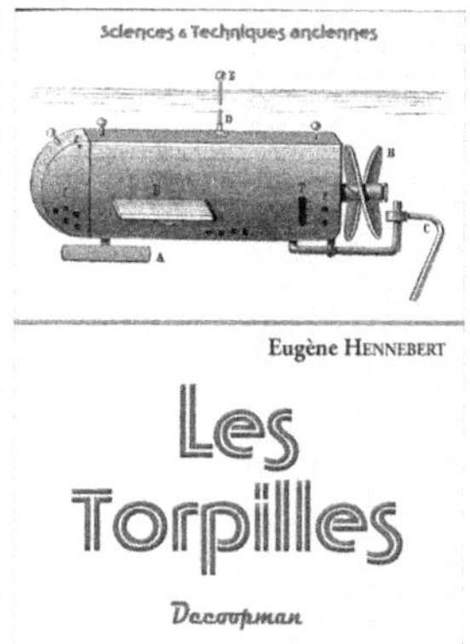

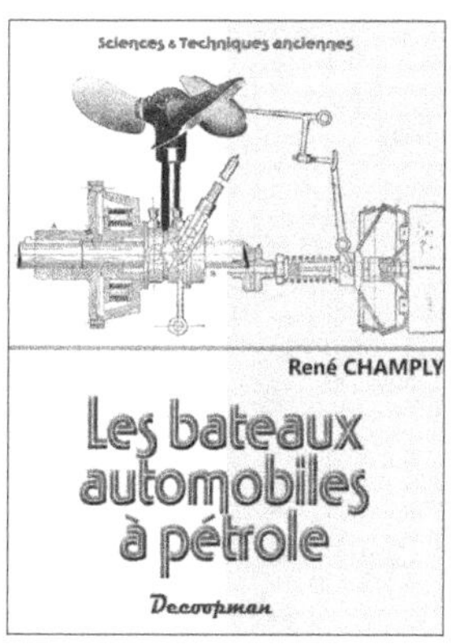

Éditions Decoopman - Ferrières - 30440 Saint-Laurent-le-Minier
Tel : **04 67 73 90 95** mail : **livres@decoopman.com**

www.ingramcontent.com/pod-product-compliance
Lightning Source LLC
LaVergne TN
LVHW081131051026
849532LV00009B/3233